早わかり
森林経営
管理法

New System of Forest Management

森林経営管理法研究会●編著

大成出版社

はじめに

　我が国の森林は、先人の様々な努力により造成された結果がようやく実り、その約半数が主伐期を迎えようとしております。この森林資源を「伐って、使って、植える」という形で循環利用していくことで、林業の成長産業化と森林資源の適切な管理を両立させることが、森林・林業政策の主要課題となっています。

　森林経営管理法は、このような課題を解決するために、森林所有者と林業経営者との間の連携を構築するための仕組みを創設した、これまでにない画期的な法律です。

　本書は、森林経営管理法について想定される様々な質問事項をQ&A方式でわかりやすく解説するとともに、関連の諸資料についても網羅しております。

　もとより、法律の制定作業には多くの方々が関与しており、その全貌を承知しているものではないため一面的な部分も多いと思いますし、研究会としての見解で記述した部分も多いですが、本書が、森林の経営管理に関心を持つ方々の参考になれば幸いです。

平成 30 年 7 月
森林経営管理法研究会

目次

はじめに

第1部
総 説

① 森林・林業をめぐる状況 …… 16

② 法律制定の必要性 …… 20

③ 法律の制定経緯 …… 21

④ 法律のポイント …… 22

第2部
解 説

総 論

Q なぜ、既存の法律を改正するのではなく、
新法を創設したのですか？ …… 28

Q 法律の題名は、なぜ「森林経営管理法」というのですか？ …… 30

各論

1. 目的

Q 本法が目指す「林業経営の効率化」及び
「森林の管理の適正化」について、
その意味や目標を教えて下さい。…… 32

Q 森林経営管理制度の中心的役割を
市町村が担うことになっているのはなぜですか? …… 34

Q 森林所有者は林業の担い手という
位置付けから外されるのですか? …… 35

2. 定義

Q 本法において経営管理すべき対象として
位置付けている森林はどのような森林ですか? …… 36

Q「経営管理」の意味について教えて下さい。…… 38

Q 経営管理が行われていないおそれのある
人工林とはどのような人工林ですか? …… 39

Q 経営管理権を取得した森林については、
市町村が事業用地に転用することもできますか? …… 40

Q 立木の所有権を移転させる仕組みを
創設するのではなく、経営管理権という新たな権利を
創設したのはなぜですか? …… 40

3. 責 務

Q なぜ、森林所有者に責務を課しているのですか？ …… 41

Q 森林所有者の責務について、森林所有者は適時に伐採、
造林及び保育を実施とありますが、
適時とはどのような意味ですか？ …… 43

Q 本法における森林所有者の責務と
森林・林業基本法における
森林所有者の責務はどのような関係ですか？ …… 44

Q 森林所有者が経営管理権集積計画の
作成を申し出たのに、
市町村が経営管理権集積計画対象森林としなかった場合、
責任の所在はどうなるのですか？ …… 45

Q なぜ市町村に責務を課しているのですか？ …… 46

4. 市町村への経営管理権の集積

Q 経営管理権集積計画の趣旨を教えて下さい。 …… 47

Q 市町村は、
どのような森林で経営管理権集積計画を作成するのですか？ …… 49

Q なぜ市町村が森林を一括して引き受けるような仕組みに
なっているのですか？ …… 51

Q 経営管理権や経営管理実施権の存続期間について、
上限や下限はあるのですか？ …… 52

目次

Q 森林所有者に支払われるべき金銭の額の算定方法、
支払時期等について、考え方を教えて下さい。…… 53

Q 森林所有者には必ず利益が還元されるのですか？…… 54

Q 対象となる森林の境界が画定していなければ、
経営管理権や経営管理実施権の設定は
進まないのではないですか？…… 55

5. 経営管理権集積計画の作成手続の特例

共有者不明森林制度

Q 共有者不明森林制度の趣旨を教えて下さい。…… 57

Q 共有者不明森林制度とはどのような特例ですか？…… 58

Q 不明な森林所有者について、
市町村はどのように探索するのですか？…… 60

Q 経営管理権の存続期間について、
50年を上限としているのはなぜですか？…… 61

Q 共有林の森林所有者のうち
知れている共有者の一部が同意しない場合には、
共有者不明森林制度は活用できないのですか？…… 62

Q 同意したとみなされた森林所有者が後から出てきた場合には、
経営管理権集積計画の取消しを求めることができるのですか？…… 63

Q 本法における共有者不明森林制度と、
森林法における共有者不確知森林制度の違いを教えて下さい。…… 65

Q 農林水産大臣等は、共有者不明森林又は
所有者不明森林に関する情報について、どのような対応を
することが想定されますか？ …… 66

確知所有者不同意森林制度

Q 確知所有者不同意森林制度の趣旨を教えて下さい。 …… 67

Q 確知所有者不同意森林制度とはどのような特例ですか？ …… 68

Q 同意したとみなされた森林所有者は、
経営管理権集積計画の取消しを求めることができるのですか？ …… 70

Q 確知所有者不同意森林制度は、
憲法第29条で規定する財産権補償に反しないのですか？ …… 72

所有者不明森林制度

Q 所有者不明森林制度の趣旨を教えて下さい。 …… 74

Q 所有者不明森林制度とはどのような特例ですか？ …… 75

Q 所有者不明森林において森林所有者に支払うべき金銭については、
供託しなければいけないのですか？ …… 76

Q 同意したとみなされた森林所有者が後から出てきた場合には、
経営管理権集積計画の取消しを求めることができるのですか？ …… 77

6. 市町村森林経営管理事業

Q 市町村森林経営管理事業の趣旨について教えて下さい。 …… 78

目次

Q 市町村森林経営管理事業の
具体的な内容について教えて下さい。…… 80

Q 市町村森林経営管理事業を実施する市町村は、
民間事業者の能力の活用に配慮することと
しているのはなぜですか?…… 80

Q 市町村が市町村森林経営管理事業の実施によって収入を得た場合、
その収入の取扱いはどうなるのですか?…… 81

7. 民間事業者への経営管理実施権の配分

Q 経営管理実施権配分計画の趣旨を教えて下さい。…… 82

Q 経営管理実施権の設定を受ける
民間事業者はどのように選ばれるのですか?…… 84

Q 経営管理実施権の設定を受ける民間事業者としては、
どのような者が想定されますか?…… 85

Q 民間事業者を公募する主体が
都道府県となっているのはなぜですか?…… 86

Q 民間事業者の公募・公表・選定に当たって、
都道府県及び市町村は、どのように透明性を図るのですか?…… 87

Q 林業経営者が経営管理実施権の設定を受けた森林で
林業経営を行った結果、赤字となった場合は
補填されるのですか?…… 88

Q 市町村が経営管理実施権配分計画を定めるに当たって、
経営管理実施権の設定を受ける民間事業者の同意は
得なければならないこととなっていますが、
森林所有者の同意を得る必要はないのですか？ …… 89

Q 林業経営者から市町村に支払われるべき金銭がある場合というのは
どのような場合を想定しているのですか？ …… 90

Q 林業経営者は、伐採後の造林について、
天然更新ではなく植栽をしなければいけないのですか？ …… 91

Q 林業経営者による森林の経営管理は
どのように確保されるのですか？ …… 92

Q 経営管理実施権が設定された森林について、
森林経営計画を作成する必要はありますか？ …… 92

8. 林業経営者に対する支援措置

Q 林業経営者への国有林野事業における
配慮について教えて下さい。 …… 93

Q 国有林及び関係地方公共団体が相互に連携を図り、
林業経営者に対し、経営管理に資する技術の普及をすること
としている趣旨を教えて下さい。 …… 94

Q 信用基金が林業経営者に対する経営の改善発達に係る助言等を
行うことができることとしている趣旨を教えて下さい。 …… 95

Q 信用基金が林業経営者に対して行う支援として、経営の改善発達に係る
助言以外には何を想定していますか？ …… 96

Q 林業経営者が借りられる林業・木材産業改善資金の
償還期間を延長する趣旨を教えて下さい。…… 96

9. 災害等防止措置命令

Q 災害等防止措置命令制度の趣旨を教えて下さい。…… 97

Q 災害等防止措置命令の対象となる森林には、
間伐を行う必要がある森林だけでなく、
主伐を行う必要がある森林も含まれるのですか？ …… 99

Q 災害等防止措置命令の対象となる森林には、
造林を行う必要がある森林も含まれるのですか？ …… 100

Q 市町村が代執行を行った場合の
費用徴収について教えて下さい。…… 100

Q 災害等防止措置命令制度は、
なぜ森林法ではなく森林経営管理法に
位置付けられたのですか？ …… 101

10. 市町村の実行体制の確保

Q 市町村が森林経営管理制度を
円滑に実施するため、何らかの支援は行われるのですか？ …… 102

Q 都道府県からの発意により市町村の事務を代替執行できる
仕組みを設けた趣旨を教えて下さい。…… 103

第3部
参考資料

森林経営管理法
(平成30年6月1日法律第35号) …… 106

森林経営管理法案に対する附帯決議(衆) …… 132

森林経営管理法案に対する附帯決議(参) …… 135

「未来投資戦略2017」(森林・林業関係部分抜粋)
(平成29年6月9日閣議決定) …… 138

規制改革実施計画(森林・林業関係部分抜粋)
(平成29年6月9日閣議決定) …… 139

「経済財政運営と改革の基本方針2017(骨太方針)」
(森林・林業関係部分抜粋)
(平成29年6月9日閣議決定) …… 140

「農林水産業・地域の活力創造プラン」(森林・林業関係部分抜粋)
(平成29年12月8日改訂) …… 142

「新しい経済政策パッケージ」(森林・林業関係部分抜粋)
(平成29年12月8日閣議決定) …… 146

一口メモ

放置竹林も対象となるか ･･ 37

林業経営と森林の管理の違い ･･･････････････････････････････････ 38

森林経営管理制度を活用した場合の森林所有者の責務 ････････････ 42

主伐の強制か ･･ 43

乱伐のおそれ ･･ 43

標準伐期齢 ･･ 43

意向調査が必要な理由 ･･ 48

公告が必要な理由 ･･･ 48

寄附や買取り ･･ 50

森林経営計画との関係 ･･･ 50

不明森林共有者による申出の期間 ･･････････････････････････････ 59

共有者不明森林制度のポイント ･････････････････････････････････ 59

裁定を不要とする理由 ･･･ 59

50 年という上限は長すぎるか ･･････････････････････････････････ 61

林業経営者が支出した費用の補償の範囲 ････････････････････････ 64

市町村が申出を受けてから取り消すまでの期間 ･･････････････････ 64

勧告に係る期間 ……………………………………………… 69

裁定を申請できる期間 ……………………………………… 69

取消しの申出ができる者 …………………………………… 71

裁定を申請できる期間 ……………………………………… 76

共同での施業………………………………………………… 85

国庫補助の対象……………………………………………… 88

経営管理実施権が経営管理権の範囲内となるということ …………… 89

造林の方法…………………………………………………… 91

国有林の対象を
「森林法第7条の2第1項に規定する国有林」としている理由 ……… 94

市町村の実行体制が整わない場合………………………………… 102

市町村からの発意により都道府県が行う代替執行 ………………… 104

第1部

総説

① 森林・林業をめぐる状況

我が国の森林は、戦中・戦後の大量伐採により大きく荒廃しましたが、先人の様々な努力により造成された結果がようやく実り、現在、その約半数が主伐期（立木が柱や板材などの用材として利用可能な状態に達した時期）を迎えようとしています。

人工林の齢級別面積

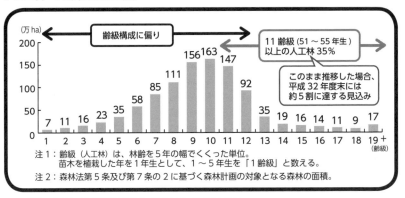

資料：林野庁「森林資源の現況」（平成24年3月31日現在）

これは、資源としての利用期を迎えた立木の伐採及び販売により、林業が収益を上げることが可能となったことを意味するものではありますが、その一方で、若い齢級の森林が少ないなど齢級構成に偏りがあり、この時期に伐採後の再造林が適切に行われなければ、将来的な林業の持続性や、森林の多面的機能の発揮が確保されなくなるという危険性を有しているということも意味しているものです。このため、今後の森林・林業政策の展開に当たっては、適時に伐採、造林及び保育を実施することにより、「伐って、使って、植える」という森林の循環的な利用を促進することが喫緊の課題となっています。

しかしながら、主伐期を迎えた人工林の直近5年間の年間成長量は、4,800万m³であるにもかかわらず、主伐による原木の供給量は1,679万m³（H27）と、原木の供給量は成長量の4割以下の水準となっており、人工林資源は十分に活用されていない状況となっています。

主伐期の人工林資源の成長量と主伐による原木の供給量

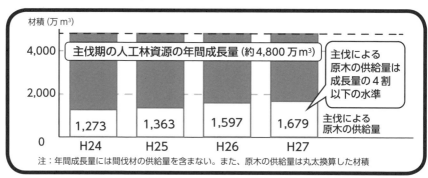

資料：林野庁「森林資源の現況」（平成24年3月31日現在）、「森林・林業統計要覧」（H28）に基づき試算

我が国の森林は、小規模零細かつ分散的な所有構造にあるため、その生産性が低く、また、長年続く立木価格の低迷により、自力で林業経営又は森林管理を成り立たせられる見通しを持てていない森林所有者が多く存在するものと考えられます。

林家の保有山林面積

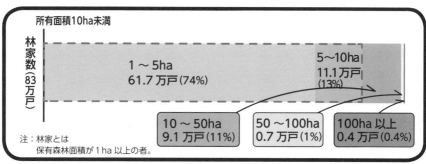

資料：農林水産省「2015年農林業センサス」

また、近年、各地において、相続されても登記がなされていないことなどを理由に所有者不明土地が増加しており、これによる経済的な損失が深刻な問題となりつつあります。森林についても、その例外ではなく、

① 森林が宅地と比べて一般的に土地としての資産価値が低いこと
② 木材価格の低迷、山村の過疎化等による森林所有者の林業経営意欲の低下
③ 森林所有者の不在村化や相続による世代交代

等により、森林所有者の全部又は一部が不明である森林が高い割合（地籍調査を実施した林地の約26％）で発生しており、経営規模の拡大、路網整備、境界の画定等を通じて林業経営の集約化や効率化を図る上での阻害要因となっています。

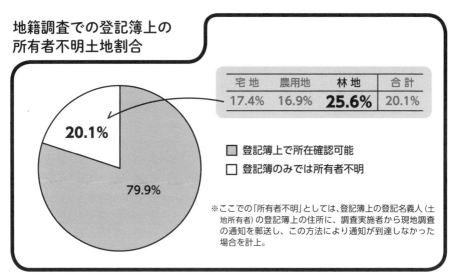

資料：国土交通省（平成28年度地籍調査における土地所有者等に関する調査）

一方、林業経営者は、その収益性を向上させるため、経営規模を拡大したいとの意向を有する者が多いのですが、そのうち38％の者が事業を行う上での課題として、「事業地確保が困難」を挙げています。これは、

① 森林所有者に関する情報が少ないため、委託を希望している森林所有者を見つけることが困難であること
② 仮に、委託を希望する森林所有者を見つけることができたとしても、信頼が得られなければ、委託してもらえないこと
③ 林業経営者が経営の成り立つ受託をしようとする場合、なるべく多数の主伐期に達した森林の受託をすることが効率的ですが、個々の森林所有者の所有規模は零細であり、また、森林所有者が委託を希望する森林には様々な条件の森林が含まれることから、これらを取りまとめる労力が課題となって、積極的な受託に踏みきれないこと

に起因するものと考えられます。

林業経営者（素材生産業者等）の規模拡大の意向

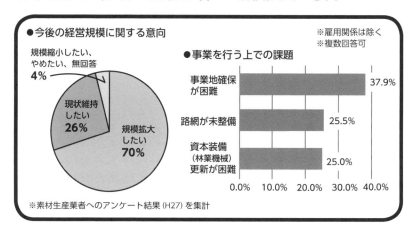

つまり、

多くの森林所有者は、林業経営への意欲が低下してきており、一方、素材生産業者など多くの林業経営者は、事業規模の拡大意欲があるものの、事業地の確保が困難となっているという状況なのです。このような森林所有者と林業経営者との間のミスマッチを解消することが喫緊の課題となっているということです。

② 法律制定の必要性

こうした現状を踏まえれば、まずは森林所有者自身がその所有する森林について適切な経営又は管理を行うべきことを基本としつつも、現実にはこれが困難な実態にあり、かつ、経営規模を拡大したいという林業経営者も存在することから、

① 森林所有者の情報をよく把握しており、かつ、信頼できる主体である市町村が、

② 森林所有者から集積が必要な森林を引き受けて取りまとめた上で、

③ 経営の成り立つ見込みのある森林については、立木の伐採や販売を合理的かつ適切に行い、自らの経営と森林所有者への収益の還元を確保し、かつ、適切な再造林及び保育にも取り組むことができるような意欲と能力のある林業経営者に林業経営を委託し、

④ 経営の成り立つ見込みのない森林については、市町村自らが経営又は管理する

仕組みを創設することが必要です。

また、今般、このような制度を構築するに当たり、本制度を十分に実効あるものとするためには、大きな問題となっている所有者不明の森林についても、円滑に市町村が森林についての権利を取得し、これを林業経営者に設定し、又は自ら当該森林を経営若しくは管理することを可能とする仕組みを本制度の中で併せて措置する必要があります。

③ 法律の制定経緯

平成30年

3月 6日	閣議決定・国会提出	
29日	衆議院本会議　質疑　農林水産委員会へ付託	
4月 5日	衆議院農林水産委員会　提案理由説明	
11日	衆議院農林水産委員会　質疑	
12日	衆議院農林水産委員会　参考人質疑	
17日	衆議院農林水産委員会　質疑・議決	
19日	衆議院本会議　議決・参議院送付	
5月16日	参議院本会議　質疑　農林水産委員会へ付託	
17日	参議院農林水産委員会　提案理由説明	
22日	参議院農林水産委員会　質疑　参考人質疑	
24日	参議院農林水産委員会　質疑・議決	
25日	参議院本会議　議決・成立	
6月 1日	公布	

④ 法律のポイント

森林経営管理法の主なポイントは以下のとおりです。

（1）森林所有者の責務
森林所有者は、その権原に属する森林について、適時に伐採、造林及び保育を実施することにより、自然的経済的社会的諸条件に応じた適切な経営管理を持続的に行わなければならないものとする。

（2）市町村への経営管理権の集積
市町村は、その区域内の森林について、経営管理の状況等を勘案して、森林所有者への意向調査又は森林所有者からの申出を踏まえ、関係権利者の同意を得て、経営管理権集積計画を定め、公告することにより、森林所有者からの委託を受けて経営管理を行うことができるものとする。

（3）経営管理権集積計画の作成手続の特例
森林所有者が経営管理権集積計画に係る同意をしない場合や、森林所有者の全部又は一部が不明等の場合においては、市町村による不明森林所有者の探索、公告、都道府県知事による裁定等の手続を経て、経営管理の委託を受けることができるものとする。

（4）市町村による森林の経営管理
市町村は、自然的条件に照らして林業経営に適さない森林や林業経営者に再委託するまでの間の森林については、自ら経営管理するものとする。

（5）林業経営者への再委託

市町村が経営管理権を有する森林について、意欲と能力のある林業経営者に再委託を行おうとする場合には、都道府県が公募し、公表した林業経営者の中から、市町村が再委託を行うものを選定し、経営管理実施権配分計画を定め、公告することにより、林業経営者が経営管理を行うことができるものとする。

（6）林業経営者に対する支援措置

再委託を受けた林業経営者に対する支援として、独立行政法人農林漁業信用基金が林業経営者に経営の改善発達に係る助言等を行うことができるものとし、国は、国有林野事業に係る立木の伐採等を他に委託して実施する場合は、当該林業経営者に委託するよう配慮するものとする。

（7）災害等防止措置命令

市町村は、伐採又は保育が実施されておらず、かつ、引き続き伐採又は保育が実施されないことが確実であると見込まれる森林において、土砂の流出又は崩壊等の発生を防止するため、森林所有者に対し、伐採又は保育の実施等の措置を講ずべきことを命ずることができるほか、自らこれを行うことができるものとする。

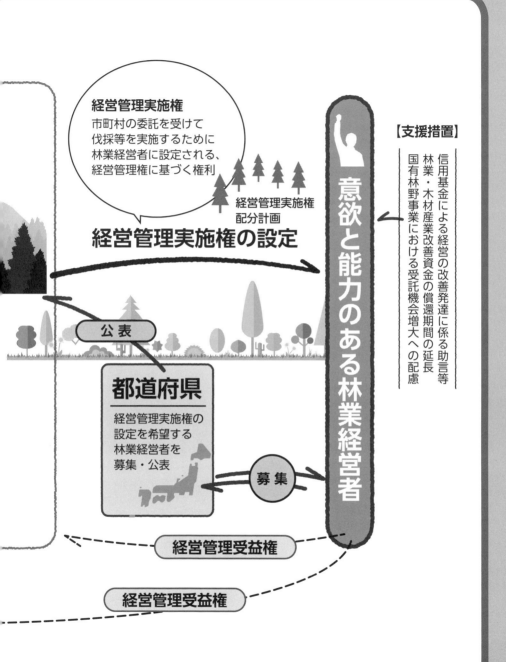

第２部

解 説

総論

Q なぜ、既存の法律を改正するのではなく、新法を創設したのですか?

Answer.

1. 我が国の全ての森林・林業法制の上位法として存在する森林・林業基本法(基本法)においては、森林及び林業に係る各種施策について、

    ① **森林については、森林の有する多面的機能が持続的に発揮されることが国民生活及び国民経済の安定に欠くことのできないものであることに鑑み、その適正な整備及び保全が図られなければならないこと(基本法第2条第1項)**

    ② **林業については、森林の有する多面的機能の発揮に重要な役割を果たしていることに鑑み、林業の生産性の向上が促進され、望ましい林業構造が確立されることにより、その持続的かつ健全な発展が図られなければならないこと(基本法第3条第1項)**

    とし、前者(森林政策)と後者(林業政策)をそれぞれ別個の政策体系として規定しています(基本法第3章及び第4章)。

2. こうした中、今般の新制度は、自然的経済的社会的諸条件に応じた適切な経営や管理ができない者の森林や、集積することにより効率的な林業経営が図られる森林等について、その利用を市町村に集積した上で、

　　イ）自然的条件に照らして収益性の高い森林については、その経営を持続的・効率的に行う意欲と能力のある林業経営者へ配分することで、個々の林業経営者の経営規模の拡大、所得の向上等を図る一方、

　　ロ）配分の対象とならない森林については、市町村において経営管理する

　という措置を一体的に講ずることにより、効率的かつ安定的な林業経営の実現による林業構造の改革と森林の多面的機能の発揮を図ろうとするものであることから、森林政策と林業政策の両面の要素を併せ持つものです。

3. このような、森林政策と林業政策の両面の要素を併せ持ち、これら2要素を一挙に解決する措置は、これまでの森林・林業政策を二元的に捉える政策の下では、措置されてきていないことから、既存の法体系とは別に、今般、新法として措置することとしたものです。

Q 法律の題名は、なぜ「森林経営管理法」というのですか?

Answer.

1. 本法の中核的な概念は、「経営管理」、すなわち、「森林について自然的経済的社会的諸条件に応じた適切な経営又は管理を持続的に行うこと」ですが、本法の題名について、単に「経営管理」としたのでは、本法が何を対象とするものであるかが不明瞭となるため、森林を対象とするものであることが分かるように「森林」を冠して、「森林経営管理法」としています。

2. なお、本法は、市町村が経営管理を行うのに必要な権利を森林所有者から取得し、当該権利を林業経営者に設定し、又は自ら経営管理を行う措置により、林業経営の効率化及び森林の管理の適正化を促進することを目的とすることとしていることに着目し、「林業経営」及び「森林の管理」の語を用いて
① 林業経営の効率化及び森林の管理の適正化に関する法律
② 林業経営及び森林管理に関する法律
などとすることも考えられますが、これらの名称としたのでは、「経営」と「管理」とがあたかも別個に講ぜられる措置であるかのごとき印象を与えかねず、「経営」と「管理」の一体的な促進を講ずるという本法の基本的な設計方針を適切に反映するものとならないことから、本法の題名としては適当でないと考えられます。

1. 目的

Q 本法が目指す「林業経営の効率化」及び「森林の管理の適正化」について、その意味や目標を教えて下さい。

Answer.

1. 本法における
   ①「林業経営の効率化」とは、
   小規模零細かつ分散的な所有構造にある森林をベースとした我が国の林業経営について、経営管理権を意欲と能力のある林業経営者に集積することにより生産性を向上させ、効率化を図ることであり、
   ②「森林の管理の適正化」とは、
   林業経営に適さない森林については、森林の公益的機能の維持発揮を図るため、市町村が経営管理権を取得し、間伐、保育等の必要最低限の施業を行うことで適正な管理を図ることです。

2. 本法において主に対象とする私有人工林約670万ヘクタールについては、
   ① その3分の1の約220万ヘクタールは既に集積・集約化されており、
   ② 残り3分の2の約450万ヘクタールは経営管理が担保されておらず、林業経営に適しているが活用されていない森林や、林業経営に適さない森林で整備が進んでいない森林があります。

3. 2②の森林について、既存の施策に加え、「林業経営の効率化」及び「森林の管理の適正化」を一体的に促進することにより、経営管理の集積・集約化を促進して、20年後には、
① 林業経営に適した森林（約240万ヘクタール）は、意欲と能力のある林業経営者による林業経営を進め、林業的利用を継続し、
② 林業経営に適さない森林（約210万ヘクタール）は、市町村が経営管理を進め、自然に近い森林に誘導する（複層林化等）
ことを目指しています。

今後の森林経営・管理の目標

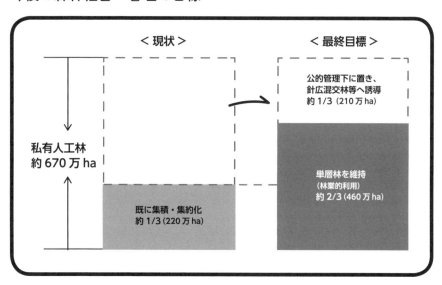

Q 森林経営管理制度の中心的役割を市町村が担うことになっているのはなぜですか?

Answer.

1. 市町村は、最も身近な行政主体であるほか、特に森林については、造林から伐採に至る森林施業に関する計画（森林法に規定する市町村森林整備計画）の作成や、森林所有者等に対する指導・監督を行う役割を果たしています。

2. さらに、市町村は、林地台帳の整備、伐採及び伐採後の造林の届出の受理等の事務も担っており、地域の森林や森林所有者について詳細な情報を把握しています。

3. このようなことから、市町村は、森林経営管理制度を円滑に活用する主体として最も適切なためです。

Q 森林所有者は林業の担い手という位置付けから外されるのですか?

Answer.

森林経営管理制度は、経営管理に係る責務を自ら果たすことができない森林所有者に代わって、市町村や林業経営者に経営管理を担ってもらうための仕組みであり、現に自ら責務を果たすことができる森林所有者については、引き続き林業の担い手として活躍していただくことを想定しています。

2. 定義

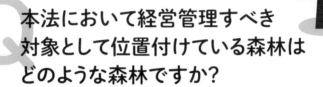

Q 本法において経営管理すべき対象として位置付けている森林はどのような森林ですか?

Answer.

1. 本法の対象は、森林所有者が自ら経営管理できない森林で、市町村に経営管理に必要な権利の集積・集約化を図る必要がある森林です。このため、国が所有者であり、既に経営管理に必要な権利を集積・集約化する必要のない国有林を除いて、民有林のみを本法の対象としています。

2. さらに、経営管理権を集積・集約化する森林は、
   ① 自然的経済的社会的条件及びその周辺の地域における土地の利用の動向からみて、今後も引き続き森林として維持・利用されるべきものであることから、
   ② 森林として維持するために、森林の開発行為が規制されているような森林を対象とすべきであるため、
   本法の対象は、地域森林計画の対象森林に限定しています。

3. なお、都道府県や市町村などが森林所有者である公有林についても、経営管理に必要な権利を集積・集約化する必要がないので、住民が共同で管理している場合など一定の場合を除いて、基本的には本法の対象として想定していません。

4. また、法律上は人工林と天然林とを区別していませんが、本法で目指しているのは、経営管理が行われないことで公益的機能の維持等に支障が生じる森林の経営管理を市町村に集積することであるため、森林経営管理制度は、主に人工林において活用されることを想定しています。

一口メモ

放置竹林も対象となるか

本法における「森林」の概念の中には、竹林も含まれることから、放置竹林の整備や森林内に侵入した竹林の除去等を実施することも森林経営管理制度の対象となり得ます。

Q 「経営管理」の意味について教えて下さい。

Answer.

経営の効率化及び森林の管理の適正化の一体的な促進を図るためには、

① 傾斜、地形等の「自然的条件」、木材市況等の「経済的条件」及び集落からの距離、路網の整備状況等の「社会的条件」に応じて、
② 保育期、間伐期、主伐期等の各段階において必要とされる「経営又は管理」を、
③ 森林の多面的機能が将来の世代においても享受できるよう「持続的」に行うこと

が重要であることから、本法においては、森林について行うべき「経営管理」について、「自然的経済的社会的諸条件に応じた適切な経営又は管理を持続的に行うことをいう」と定義しています。

一口メモ

林業経営と森林の管理の違い

本法において、林業経営とは、造林、保育、伐採といった森林施業に、伐採した立木の販売という経済活動を含めた概念であり、森林の管理とは、そのうちの造林及び保育までを指すものです。

第2部 解説

Q 経営管理が行われていないおそれのある人工林とはどのような人工林ですか?

Answer.

森林 の状況は地域によって違いますので一概には言えませんが、経営管理が行われていないおそれがある人工林の基準の目安としては、以下のとおりです。

樹 齢	状 態
1 齢級	・残存本数が、造林届に記載された植栽本数の 75% 以下であるなど、このままでは成林しないおそれがある状態 ・下刈りが不十分であり、植栽木が下草に被圧されている状態
2~4 齢級	・除伐等が不十分であり、植栽木が植栽木以外の樹木等に被圧されている状態
5 齢級 ～ 標準伐期齢	・間伐が一度も行われていない場合や、最後に行われた間伐から 10 年以上が経過している場合など、市町村森林整備計画に定められた標準的な施業方法を実施しておらず、林分が過密化している状態
標準伐期齢以上	・最後に行われた間伐から 15 年以上が経過している場合など、市町村森林整備計画に定められた標準的な施業方法が実施されておらず、林分が過密化している状態

早わかり森林経営管理法

Q 経営管理権を取得した森林については、市町村が事業用地に転用することもできますか？

Answer.

市町村は、あくまで経営管理権（立木の伐採及び木材の販売、造林並びに保育を実施するための権利）の範囲内の行為を行うことができるだけであり、事業用地への転用や、きのこの採取といった行為はできません。

Q 立木の所有権を移転させる仕組みを創設するのではなく、経営管理権という新たな権利を創設したのはなぜですか？

Answer.

1. 実態上、我が国の林業経営者の多くが、
   ① 施業を受託して、立木の保育及び伐採、木材の販売を行い、
   ② 木材の販売によって得られた収益のうちから、経費及び利益相当分を受け取り、残余を森林所有者に支払うこと

   により、林業経営を行っているということを踏まえ、本法においても、我が国の林業経営において一般的に行われている形態を念頭に制度設計しています。

2. 特に、
   ① 森林所有者が所有権の移転に難色を示すことが多いこと
   ② このため、行政側も所有権移転を伴う措置の執行に慎重になること

   などから、本法では、所有権移転を伴わずに市町村が実質的に立木の処分を行うことができる権利として、経営管理権を設定する制度を創設しました。

3. 責務

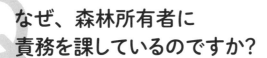

Q なぜ、森林所有者に責務を課しているのですか?

Answer.

1. 我が国において、土地は、
   ① 現在及び将来における国民のための限られた貴重な資源であることなど公共の利害に関係する特性を有していることに鑑み、公共の福祉を優先させるものとすること（土地基本法第2条）
   ② その所在する地域の自然的条件等の諸条件に応じて適正に利用されるものとすること（土地基本法第3条）
   とされており、この考え方は、土地の一形態である森林についても、通底するものです。

2. 森林の中でも、特に人工林は、人が手を加え続けなければ、下草や根が成長せず、また、もやし状の生育状態の不良な立木しか生育しなくなります。このため、人工林として維持することが経済的に困難になるのみならず、風倒木被害や土砂災害等の原因となることで周囲に悪影響を及ぼし得ることから、森林所有者には、適切に経営管理し続ける責務があるということができます。

3. また、森林の特性として、国土の保全、CO_2 の吸収による地球温暖化防止、木材の生産等の多面的機能があり、森林は、国民が安全で安心して暮らせる社会の実現に大きく寄与していますが、特に、近年の我が国においては、集中豪雨の増加や、気候変動枠組条約の下、公益的機能の発揮が強く期待されているところです。

各論

4. このような状況の下で、森林は、原則として自由に転用したり、他者に売却できるものであるにもかかわらず、森林所有者は、あえて森林を森林として所有することを選択していることを踏まえれば、当該森林所有者は、その権原に属する森林について、経営管理に係る責務を負うことが妥当と考えられます。

一口メモ

森林経営管理制度を活用した場合の森林所有者の責務

森林所有者が森林経営管理制度を活用する場合、経営管理権の設定等により、市町村や林業経営者が行う伐採等は、あくまで森林所有者からの委託に基づくものであることから、森林所有者自身が経営管理をしていることと同義であるため、森林所有者は自ら経営管理を行っていることとなり、責務を果たしていることとなります。

第2部 解説

Q 森林所有者の責務について、
森林所有者は適時に伐採、造林及び
保育を実施とありますが、
適時とはどのような意味ですか?

Answer.

ここでいう「適時」とは、適切な時期にという意味で、市町村森林整備計画に定められた標準的な施業方法から著しく逸脱せずに、伐採、造林及び保育を実施することを意味します。なお、**標準伐期齢に達したら即主伐しなければならないということではありません。**

一口メモ

主伐の強制か

上記のとおり、森林所有者に対して課されている責務は、あくまで「適時に」伐採等を実施することで「自然的経済的社会的条件に応じた」経営管理を行うことであり、森林によっては、長伐期による森林経営が適している場合等もあり、全ての森林において一律に主伐を進めるようなものではありません。地域の実情に応じた、適切な資源管理を図ることが重要です。

乱伐のおそれ

経営管理を行う林業経営者としては、伐採後の植栽や保育を実施できる体制を整えている経営者が選定されます。また、伐採後の植栽や保育に係る経費を適切に留保し、計画的かつ確実な伐採後の植栽・保育を実施しなければならないとされていることからも（第 38 条）、乱伐が進むものではありません。

標準伐期齢

標準伐期齢とは、主伐時期の目安として市町村森林整備計画に定められたもので、収穫量最多の伐期齢のことを意味します。具体的には、スギで 35~50 年、ヒノキで 45~60 年、カラマツで 30~40 年とされています。

各論

Q 本法における森林所有者の責務と森林・林業基本法における森林所有者の責務はどのような関係ですか？

Answer.

1. 森林・林業基本法は、森林・林業施策全般にわたる基本理念を定めたものであり、その中で森林所有者に森林の整備や保全に関する一般的な責務を課しています。

2. しかしながら、昨今では立木の伐採後に再造林が行われないことが増加しているということも踏まえ、本法においては、林業経営の効率化及び森林の管理の適正化を図る観点から、基本法で定める責務を実現するための具体的な行為を森林所有者の責務として新たに規定しています。

第2部 解説

Q 森林所有者が経営管理権集積計画の作成を申し出たのに、市町村が経営管理権集積計画対象森林としなかった場合、責任の所在はどうなるのですか?

Answer.

1. 市町村が森林所有者から経営管理権集積計画の作成の申出を受けたにもかかわらず、経営管理権集積計画の対象としない場合には、森林所有者はその責務を果たしたことにはなりません。

2. 一方で、市町村は「経営管理が円滑に行われるよう、この法律に基づく措置その他必要な措置を講ずるように努めるものとする」という責務を課されていることから、申出を受けた森林について放置することは許されず、地域の実情等を勘案して、適切な時期に経営管理権集積計画の対象森林とすることになると考えられます。

早わかり森林経営管理法

Q なぜ市町村に責務を課しているのですか?

Answer.

1. 本法において、市町村は、経営管理権集積計画の作成による経営管理権の設定、市町村森林経営管理事業の実施、経営管理実施権配分計画の作成による経営管理実施権の設定等により、その区域内の森林において経営管理が行われるよう、主導的な役割を果たすべき主体として位置付けられています。

2. 一方、その区域内の森林において経営管理が円滑に行われるためには、上記のような本法に基づく措置の他に、市町村による人材育成や林地の境界画定、林地台帳の整備等の様々な措置が講じられる必要があり、本法の目的の達成は、これらの措置と本法の措置とを一体的に講ずることなしには成し得ないものです。

3. こうした事情を踏まえ、本法においては、市町村の責務として、本法に基づく措置その他必要な措置を講ずるように努めなければならないこととしています。

4. 市町村への経営管理権の集積

Q 経営管理権集積計画の趣旨を教えて下さい。

Answer.

1. 森林経営管理制度では、森林所有者の情報を把握し、かつ、森林所有者が安心してその森林についての経営管理を任せることができる市町村が、森林所有者からその有する森林について経営又は管理を一括して引き受け、こうした森林をとりまとめた上で、経済的に成り立たない森林は自ら経営管理し、経済的に成り立つ見込みのある森林を林業経営者へ再委託することとしています。

2. この場合、市町村は、市町村への集積が必要かつ適当と認められる森林かどうかを判断した上で、その区域内の森林の全部について一斉に、あるいは、集積していくことが可能なところから随時、集積を行っていくこととするのが適当です。

3. このため、本法においては、市町村がその区域内の森林の全部又は一部について、経営管理権集積計画を作成し、及び公告することで、市町村がこれらの森林に係る経営管理権の設定を受けることができることとしています。

各論

一口メモ

意向調査が必要な理由

経営管理権集積計画は、市町村が必要かつ適当と認める場合に作成する行政計画です。

同計画において、森林所有者の権原に属する森林に対する意思は、市町村が計画を作成すべきかどうか判断するに当たっての重要な情報となるため、市町村が情報収集を行うための意向調査が市町村に義務付けられています。

公告が必要な理由

経営管理権集積計画による権利設定は当事者間におけるものであることから、通知という当事者間の行為形式によらしめるという考え方もあり得ますが、当該計画においては、多数の森林所有者の多数の森林に係る権利を市町村に集積することとなる中、

① 周辺の他の森林と一括で条件が明示される形で権利設定されることにより、森林所有者にとって公平性を欠いた権利設定がされることはないという安心感の醸成につながり、権利設定が促進されること

② 個別に通知が発出されているかの確認を要しない（公告を見れば情報が一覧できる）ことから、市町村内における事務手続、関係部局間の負担軽減が図られること

③ 不明者が存在する場合においても、一定の手続を経ることでこれらの者の同意を擬制することによって、経営管理権の設定を受けることができること

等を踏まえ、公告という形式をとっています。

第2部 解説

Q 市町村は、どのような森林で経営管理権集積計画を作成するのですか？

Answer.

1. 市町村は、森林についての経営管理の状況や、森林の存する地域の実情等を勘案して、森林の経営管理権を市町村に集積することが必要かつ適当であると認められる場合に経営管理権集積計画を定めることとなります。

2. 具体的には、間伐などの森林施業の過去の履歴や、路網の整備状況、担い手の活動状況等を総合的に勘案し、経営管理権を集積しなければ適切な経営管理が確保されないかどうかといったことを基準に、計画作成の判断をすることになります。

3. なお、森林所有者が植栽をすべきである伐採跡地や、現状のままでも特段手入れを必要としない天然林などについては、経営管理権集積計画の対象に含めることは想定していません。

一口メモ

寄附や買取り

森林の寄附や買取りは、本法の対象外となります。仮に、森林を手放す意思が強い森林所有者から森林の寄附の申出があった場合には、市町村は、森林の取得に関心の強い森林所有者や民間事業体を紹介するといった対応のほか、市町村が寄附を受けて市町村有林として管理するということが考えられます。

森林経営計画との関係

森林経営計画が作成されている場合は、既に経営管理されている森林と認められるので対象にはならないと想定されますが、森林所有者を含む関係権利者が希望し、かつ、市町村が必要かつ適当と認める場合には、市町村が経営管理権集積計画を作成することは可能です。

第2部 解説

Q なぜ市町村が森林を一括して引き受けるような仕組みになっているのですか？

Answer.

1. 森林所有者が個々に森林を所有している場合、林業的利用が可能な森林であっても効率的に施業を行えないことから、林業経営のみならず、森林の管理すら行われない場合もあります。

2. この点、森林所有者の権原に属する様々な条件の森林について、市町村が一括して経営管理権を取得すれば、
   ① 効率的に林業経営を行う能力を有している林業経営者に対して森林の集積を図ることで、効率的な経営を行うことができることとなり、これまで経営されていなかった森林であっても経営を行うことが可能となり得ること
   ② 林業的利用が困難な森林についても、事業地にまとまりがあれば、効率的に管理を行うことが可能となること

   から、効率的な林業経営及び適正な森林の管理の確保につながるためです。

Q 経営管理権や経営管理実施権の存続期間について、上限や下限はあるのですか?

Answer.

1. 経営管理権の存続期間については、原則として定めはありません。経営管理権は森林所有者と市町村、経営管理実施権は市町村と林業経営者との間の合意により定められるものです。

2. ただし、主伐後の再造林がきちんと行われるよう、主伐を内容に含む計画の場合には、主伐後の造林から下刈り、間伐に至る一連の保育までを計画に含む必要があるので、15年以上の存続期間を確保することが適当です。

3. なお、森林所有者が不明な場合などに経営管理権集積計画作成の手続の特例により設定された経営管理権の存続期間については、上限が50年までとなっています。

第2部 解説

Q 森林所有者に支払われるべき金銭の額の算定方法、支払時期等について、考え方を教えて下さい。

Answer.

森林所有者に支払われるべき金銭の額の算定方法や支払時期等については、基本的に当事者である森林所有者と市町村との間で定めることになりますが、例えば、

① **金銭の額の算定方法については、**
　イ）間伐や造林、保育に係る経費については、都道府県が決定している森林整備事業に係る標準単価
　ロ）主伐に係る経費については、林業経営者が経営管理実施権配分計画作成時に提出する見積額
　　を用いること

② **支払時期については、**
「立木を伐採し、木材の販売収入額が確定した後速やかに」とすることなどが考えられます。

Q 森林所有者には必ず利益が還元されるのですか?

Answer.

1. 森林経営管理制度においては、販売収益から伐採等に要する経費を控除してなお利益がある場合に、林業経営者は森林所有者に金銭を支払うこととしており、必ずしも利益の還元を受けられることが保証されているわけではありません。

2. しかしながら、
   ① 経営管理実施権は林業経営者の同意に基づいて設定されるものであり、これにより集積・集約化される森林は、基本的に経済ベースにのるものとなることに加え、
   ② 林業経営の経費について、実費を用いるのではなく、標準的な単価を用いるなどして固定費としておけば、林業経営者が自らの収益をより大きくするために経営努力をするモチベーションが上がることが見込まれるため、
   森林所有者に対しても利益が還元されやすくなることが想定されます。

第2部 解説

Q 対象となる森林の境界が画定していなければ、経営管理権や経営管理実施権の設定は進まないのではないですか？

Answer.

個々の森林全ての境界画定が前提となると、市町村への経営管理の集積・集約化が円滑に進まないおそれがありますが、例えば、ある程度まとまりのある一団の森林について、その中の森林の関係権利者が同意していれば、個々の森林の境界は不明であっても一団の森林の外縁を明確化することで、経営管理権や経営管理実施権を設定して経営管理を行うことが可能となると考えられます。

5. 経営管理権集積計画の作成手続の特例

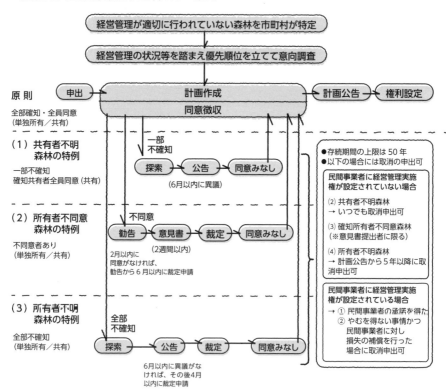

第2部 解説

共有者不明森林制度

Q 共有者不明森林制度の趣旨を教えて下さい。

Answer.

1. 森林は、一般に、土地としての資産価値が低いことから、相続が発生しても相続人の権利意識が希薄な状態で、遺産分割がなされず、かつ、数次の相続を経て多数の者による共有状態となっているケースが多く、登記もなされていないものも多いというのが現状です。

2. このような森林の多くは、
   ① 未登記のため、共有者が何人存在するか調べるためには登記名義人等の戸籍をたどる必要がありますが、登記名義人等が3、4世代前であることも珍しくなく、そのような場合には、戸籍等をたどった結果、推定相続人の数が数十人を超えるなど膨大になることがあること
   ② 推定相続人が確知できた場合であっても、海外も含め他の地域に転出していること等によりその居所を把握することが困難となっている場合があること
   から、森林所有者の全部の同意を得ることが困難で、市町村が経営管理権集積計画を作成できないことが想定されます。

3. このような所有者不明の森林の存在は、林業経営の効率化及び森林の管理の適正化を進める上での阻害要因となり得るものです。このため、森林所有者の一部を確知できない場合であっても、経営管理権集積計画による経営管理権の設定を可能とする必要があるということを受け、本特例が設けられています。

早わかり森林経営管理法

Q 共有者不明森林制度とはどのような特例ですか？

Answer.

1. 市町村は、意向調査又は森林所有者からの申出を経て経営管理権集積計画を定める場合において、共有者不明森林があり、かつ、当該森林所有者で知れているものの全部が当該経営管理権集積計画に同意している場合は、まずは不明森林共有者の探索を行います。

2. 市町村は、探索を行ってもなお不明森林共有者を確知することができないときは、定めようとする経営管理権集積計画や、同計画に対して異議がある場合には6月以内に申し出ることができる旨等を公告します。

3. 公告の結果、不明森林共有者が6月以内に異議を述べなかったときは、当該不明森林共有者は、経営管理権集積計画について同意をしたものとみなすこととなります。

一口メモ

不明森林共有者による申出の期間

不明森林共有者が共有者不明森林について権原を有していることを証明するため、専門家への相談、関係書類の収集等に相当の期間を要することから、6月以内としています。

共有者不明森林制度のポイント

共有者不明森林制度が円滑に活用されるよう、
① 都道府県知事による裁定を受けなくてもよいこと
② 供託しなくてもよいこと
としています。

裁定を不要とする理由

共有者不明森林制度については、
① 現に管理を行っている代表者が経営管理権集積計画に同意していること
② 明示的な反対者がいないこと
を踏まえ、確知所有者不同意森林制度や所有者不明森林制度と異なり、都道府県知事による裁定までは求めていません。

Q 不明な森林所有者について、市町村はどのように探索するのですか?

Answer.

不明な森林所有者の探索方法としては、

① 戸籍等の公簿による調査を原則とし、地域住民への聴取りを不要とし、
② 探索の範囲についても、配偶者と子までとし、
③ 住所地に居住しているかどうかの確認は、遠隔地については郵送で行えばよいことになると考えられます。

第2部　解説

Q 経営管理権の存続期間について、50年を上限としているのはなぜですか?

Answer.

1. 不明森林共有者の直接の同意を得ることなく、存続期間に上限のない経営管理権を設定することは、不明森林共有者の財産権に対する制約の程度が大きくなる一方で、経営管理権の存続期間の上限が短すぎると、林業経営者が安定した経営を行うことができません。

2. このため、両者の均衡を図る観点から、伐採、造林及び保育という森林資源の循環が最低限一巡する50年を経営管理権の存続期間の上限としています。

一口メモ

50年という上限は長すぎるか

我が国の森林は、起伏や傾斜のある山地に存在していることが多く、森林以外の用途に供することは事実上極めて困難です。現に、我が国の森林面積は高度経済成長期を経た過去50年間でみても、横ばいで推移しており（2,344万ha（1966年）→ 2,372万ha（2012年））、このことを踏まえれば、経営管理権の設定時点で森林として活用されている土地が今後50年のうちに森林以外の用途に活用されることは想定されづらいということができるため、50年という上限は長すぎるとはいえません。

Q 共有林の森林所有者のうち知れている共有者の一部が同意しない場合には、共有者不明森林制度は活用できないのですか？

Answer.

共有林の森林所有者のうち、知れている者の全員が同意していない場合には、直接共有者不明森林制度を活用することはできませんが、まず確知所有者不同意森林制度を活用して、知れている者の全員の同意が擬制された後に共有者不明森林制度を活用することが可能となります。

第2部　解説

Q 同意したとみなされた森林所有者が後から出てきた場合には、経営管理権集積計画の取消しを求めることができるのですか?

Answer.

1. 不明森林共有者が同意したものとみなして市町村が共有者不明森林の経営管理権を取得することは、不明森林共有者の財産権を制限するものであることから、法目的の達成と不明森林共有者の権利保護との均衡を図るための措置として、一定の条件に該当する場合には、不明森林共有者は、同意したものとみなされた経営管理権集積計画の取消しを申し出ることを可能としています。

2. 具体的には、

① 市町村による管理が行われている共有者不明森林については、不明森林共有者から経営管理権集積計画を取り消すべきことについて申出があった場合には、経営管理権が直ちに消滅したとしても、経営管理実施権が設定されている場合とは異なり、林業経営ができなくなる等の不測の損害を被る者がいないことから、市町村は、経営管理権集積計画の取消しを行うこととしています。

② 林業経営者による林業経営が行われている共有者不明森林については、林業経営者の経営の安定性を確保する観点から、

イ）経営管理権集積計画の取消しについて、経営管理実施権の設定を受けている林業経営者の承諾を得た場合

ロ）予見し難い経済情勢の変化等があり、経営管理実施権の設定を受けている林業経営者に対し、通常生ずべき損失の補償をする場合

に、市町村は、経営管理権集積計画の取消しを行うこととしています。

各論

一口メモ

林業経営者が支出した費用の補償の範囲

林業経営者の責めによらない事情により、将来的に伐採等により得られたであろう利益を害することとなるものであることから、通常生ずべき損害である標準投下費用（森林の経営管理に係る標準的な投下費用）のほか、得べかりし利益（その取消しがなかったならば、林業経営者が本来得られたはずの利益）も含めるべきということができます。一方、取消しを許容する場合は、予見し難い経済情勢の変化があった場合等に限定しており、このようなやむを得ない事情がある中で実質投下費用（林業経営者が実際に投下した費用）まで補償するとなると、不明森林共有者の負担が過度なものとなり、補償を行う不明森林共有者と補償を受ける林業経営者の負担について、衡平を欠くこととなるため、補償の範囲については、「標準投下費用」及び「得べかりし利益」までとするのが妥当と考えられます。

市町村が申出を受けてから取り消すまでの期間

市町村が経営管理権を取得した森林における林業機械の撤去、林内の整理等を行うために必要な期間として、2月を見込み、取消しの申出の日から2月を経過した日以後速やかに、取り消すものとしています。

第2部　解説

Q 本法における共有者不明森林制度と、森林法における共有者不確知森林制度の違いを教えて下さい。

Answer.

1. 共有者不明森林制度と類似の仕組みとして、森林法において、共有者の一部が確知できない森林について、知れている森林所有者が当該森林の立木の伐採及び伐採後の造林をしようとする場合に、確知できない共有者の立木持分又は土地使用権を裁定により取得できる制度があります。

2. この森林法上の裁定制度は、あくまで知れている森林所有者自身が施業する場合に限って活用することができるものであり、所有権を移転せずに経営管理を他者に委託しようとするような場合には活用できないという点において、共有者不明森林制度と異なります。

Q 農林水産大臣等は、共有者不明森林又は所有者不明森林に関する情報について、どのような対応をすることが想定されますか？

Answer.

1. 本法では、探索の実効性をより高めるために、共有者不明森林及び所有者不明森林に係る公告があった場合には、農林水産大臣は、これらの森林に関する情報を当該市町村以外にも周知するため、当該公告の内容について、地方公共団体その他の関係機関と連携し、共有者不明森林等に関する情報のインターネットの利用による提供その他の必要な措置を講ずるように努めることとしています。

2. 具体的には、市町村は、公報への掲載、市町村の掲示版への掲示等の方法により公告を行うことが想定され、農林水産大臣は、農林水産省のホームページにおいて、公告に係る森林に関する情報（森林の所在等）を一元的に公表することが想定されます。

第２部　解説

確知所有者不同意森林制度

Q 確知所有者不同意森林制度の趣旨を教えて下さい。

Answer.

1. 林業経営意欲の低い森林所有者の中には、市町村と行う調整に係る手間を敬遠して不同意の意思表示をする者、経営管理権集積計画への同意・不同意すら明らかにしないような者等が存在し、計画作成に支障が生じることが想定されます。

2. 集積計画対象森林のうちに、森林所有者が同意しないもの（確知森林所有者不同意森林）がある場合、経営管理権集積計画はその策定要件を満たすことができないため、当該確知森林所有者不同意森林のみならずその他の集積計画対象森林についても市町村は経営管理権を取得することができなくなることから、これに対処するために、本特例が設けられています。

Q 確知所有者不同意森林制度とはどのような特例ですか？

Answer.

1. 市町村は、意向調査又は森林所有者からの申出を経て経営管理権集積計画を定める場合において、集積計画対象森林のうちに確知森林所有者不同意森林がある場合には、確知森林所有者が自発的に経営管理権集積計画に同意することを促すため、経営管理権集積計画に同意すべき旨の勧告を行います。

2. 市町村は、勧告をしてもなお、これに同意しない確知森林所有者がいるときは、都道府県知事に対し、裁定を申請することができることとしています。

3. 都道府県知事は、裁定の申請を受けたときは、確知森林所有者に対して意見書提出の機会を付与した上で、必要かつ適当と認める場合には、経営管理権集積計画（経営管理権の存続期間は50年以内）に係る裁定をします。

4. 市町村は、裁定において定められた事項を内容とする経営管理権集積計画を定め、確知森林所有者は、当該経営管理権集積計画について同意をしたものとみなすこととなります。

一口メモ

勧告に係る期間

確知森林所有者は、勧告の内容、確知森林所有者が行う経営管理の状況及びその見通し等を総合的に勘案した上で、勧告に従うか従わないかの判断を行うため、それに要する期間として、確知森林所有者が勧告を受諾するまでの期間を、市町村が勧告をした日から2月以内にすることとしています。

裁定を申請できる期間

① 市町村の長が、森林の自然的経済的社会的諸条件、周辺地域における土地の利用動向等を勘案して、裁定の申請を行うか行わないかの判断を行うためには、一定程度の長期にわたる期間を要する一方、
② 申請期間に期限を設けないことは、当該確知森林所有者にとって、裁定の可能性をいつまでも排除できず、自らの所有する森林が不安定な地位に置かれることになること

から、裁定の申請は、勧告をした日から6月以内にすることとしています。

Q 同意したとみなされた森林所有者は、経営管理権集積計画の取消しを求めることができるのですか？

Answer.

1. 共有者不明森林制度と同様の趣旨から、市町村が市町村森林経営管理事業を実施している場合や、林業経営者による林業経営が行われている場合、それぞれに応じて、経営管理権集積計画に同意しない旨の意見書を提出した森林所有者からの申出に基づく取消しの仕組みが措置されています。

2. なお、経営管理権集積計画の作成に同意するような代表者が管理していることが想定される共有者不明森林とは異なり、確知所有者不同意森林において裁定の対象となる森林は、現に経営管理が行われていないものです。

3. そのような森林で多面的機能が回復したといえる状態については、
   ① 造林を実施する場合においては、下刈りが完了し、苗木が自力で成長できるようになるまで
   ② 保育又は間伐を実施する場合においては、下草が適切に生えるなど下層植生が回復して、土壌の栄養分が流出しなくなるまで

   と考えられますが、そのためにはそれぞれ概ね5年程度の期間を要することから、確知森林所有者からの取消しの申出は、計画の公告から5年間はできないこととしています。

第2部 解説

一口メモ

取消しの申出ができる者

経営管理権集積計画に同意しない旨の意見書を提出しなかった者については、経営管理権の存続期間等を含む経営管理権集積計画の内容に納得したものと考えられることから、経営管理権集積計画を取り消すべき旨の申出はできないこととしています。

早わかり森林経営管理法

各論

Q 確知所有者不同意森林制度は、憲法第29条で規定する財産権補償に反しないのですか？

Answer.

1. 確知所有者不同意森林制度については、以下の理由により、森林所有者の権利を不当に制約するものではなく、憲法第29条に違反するものではないということができます。

    ① 我が国において、森林は、起伏や傾斜のある山地に存在していることが多く、土地を森林以外の用途に供することは、事実上極めて困難であり、一般に、森林は森林として利用するほかないものであること。

    ② 森林は、木材の生産以外に、国土の保全、水源の涵養、CO_2の吸収等の多面的機能を有しており、適切な経営又は管理により、多面的機能の維持増進を図ることが重要であること。

    ③ 森林を森林として維持・利用すべき区域にあるにもかかわらず、適切な経営管理がなされない森林について、やむを得ず公的主体である市町村が森林所有者から森林の経営管理権を取得するものであり、公益性の高いものであること。

    ④ 市町村を通じた森林の集積・集約化の推進により、森林所有者が単独ではなし得ない効率的な林業経営を持続的に行

第2部 解説

うことが初めて可能となり、適切な施業が持続的に行われることによって、森林の多面的機能の発揮にも資するものであること。

⑤ 森林について施業が行われることにより、森林の機能が回復し、財産的価値も回復・増大することから、その施業に何ら参画しない森林所有者にも裨益することに加え、立木の伐採で利益が生じた場合には、森林所有者はその利益を分収する権利を有すること。

⑥ 今般の措置においては、森林所有者に対して、

イ）裁定の前に、意向調査、経営管理権設定の勧告を行い、

ロ）裁定に当たっては、意見書を提出する機会も与える

など、幾層もの慎重な手続を踏むこととしていること。

⑦ 裁定時に同意しなかった森林所有者に対しては、申出に基づく取消しの措置を講ずることにより、その権利に配慮していること。

2. なお、同様の理由から、共有者不明森林制度や、所有者不明森林制度についても憲法第29条に反しないものということができます。

所有者不明森林制度

Q 所有者不明森林制度の趣旨を教えて下さい。

Answer.

1. 森林所有者の不在村化や相続による世代交代等により、所有者不明の森林が増えている中で、共有者の一部を確知できない森林だけでなく、森林所有者の全部を確知できない森林もあることが見込まれます。このような森林においては、登記名義人が死亡した後、その登記の変更をしないまま（相続人の全部が不在村）となっているなど、経営管理が全く行われていないことが想定され、そのような森林は市町村に集積することが必要かつ適当である蓋然性が高いということができます。

2. このため、森林所有者の全部を確知できない場合であっても、経営管理権集積計画による経営管理権の設定を可能とする必要があるということを受け、本特例が設けられています。

第2部　解説

Q 所有者不明森林制度とはどのような特例ですか?

Answer.

1. 市町村は、経営管理権集積計画を定める場合において、森林所有者を確知できない場合には、まずは不明森林所有者の探索を行います。

2. 市町村は、探索を行ってもなお不明森林所有者を確知することができないときは、定めようとする経営管理権集積計画や、同計画に対して異議がある場合には6月以内に申し出ることができる旨等を公告します。

3. 公告の結果、不明森林所有者が異議を述べなかったときは、市町村は、都道府県知事に対し、4月以内に裁定を申請することができることとしています。

4. 都道府県知事は、裁定の申請を受けたときは、必要かつ適当と認める場合には、経営管理権集積計画（経営管理権の存続期間は50年以内）に係る裁定をします。

5. 市町村は、裁定において定められた事項を内容とする経営管理権集積計画を定め、不明森林所有者は、当該経営管理権集積計画について同意をしたものとみなすこととなります。

早わかり森林経営管理法

各 論

一口メモ

裁定を申請できる期間

確知所有者不同意森林制度においては、森林所有者に対し、同意の勧告がなされ、勧告があった日から2月以内に確知森林所有者が勧告を受諾しない場合には、市町村の長は、都道府県知事に対し、勧告をした日から6月以内に裁定を申請することができることとしています。森林所有者が不明の場合は、勧告をする相手方が存在しないことから、勧告の受諾までに要する「2月」を「6月」から差し引いて「4月」としています。

Q 所有者不明森林において 森林所有者に支払うべき金銭については、 供託しなければいけないのですか?

Answer.

不明 森林所有者に対する財産権の制限の程度を合理的な範囲のものとするためには、林業経営者が立木の伐採及び木材の販売をした場合に不明森林所有者が得られる経済的利益に相当する金額を当該不明森林所有者が得られるようにする必要がありますが、不明森林所有者に対しては、金銭の支払ができないため、市町村や林業経営者は、金銭を不明森林所有者のために供託しなければならないこととしています。

第 2 部　解説

Q 同意したとみなされた森林所有者が後から出てきた場合には、経営管理権集積計画の取消しを求めることができるのですか？

Answer.

経営管理権集積計画の取消しについては、確知所有者不同意森林における場合と同様の趣旨に基づいて、同様の仕組みが措置されています。

6. 市町村森林経営管理事業

Q 市町村森林経営管理事業の趣旨について教えて下さい。

Answer.

1. 森林が有する多面的機能のうち、特に CO_2 の吸収機能について、我が国は、2030年における地球温暖化防止のための温室効果ガス削減目標のうち、2.0%を森林吸収量により確保することとしており、このためには森林整備を推進することが必要ですが、条件不利地等において、経営管理が行き届かない森林が広がりを見せています。

2. このような条件不利地にある森林については、その所有構造が小規模分散であり、将来的な経営に対する見込みも立ちづらいため、森林所有者による自発的な施業のみに委ねるのではなく、森林現場や森林所有者に近い市町村の主体的な役割を明確化することにより実効性を確保するような仕組みを創設する必要があります。

3. また、当面は経営の見込みがないものの、
    ① 森林経営管理制度により、個々の森林の状況が改善されることに加え、市町村がまとめて経営管理することとなるため、経営管理のために必要な路網や施設を計画的に配置することが可能となり、当該森林において経営管理を行いたいという民間事業者が新たに出てくる可能性があること
    ② 今後、木材価格が大幅に上昇し、管理コストを賄ってなお利益が生ずるまでに至れば林業経営が可能となることから、このような場合に備えて、森林を良好な状態で維持しておくことに意義があること
からも市町村による経営管理は重要ということができます。

4. これらを踏まえ、市町村は、経営管理権を取得した森林について経営管理を行う事業（市町村森林経営管理事業）を実施するものとしています。

Q 市町村森林経営管理事業の具体的な内容について教えて下さい。

Answer.

市町村森林経営管理事業の対象となる森林の状況を踏まえて、

① 自然的条件等が極めて悪い森林については、針葉樹と広葉樹が混在する複層林化を図るなど、できるだけ維持管理に費用や手間を要さない自然に近い森林に誘導し、

② 今後の経済的状況等次第では林業経営が十分に可能となり得るような森林については、枯損木及び危険木の伐採等により林業経営が再開し得るように環境を維持する

等の方法により、森林について経営管理を行うこととなります。

Q 市町村森林経営管理事業を実施する市町村は、民間事業者の能力の活用に配慮することとしているのはなぜですか？

Answer.

1. 市町村のマンパワーの観点からも、通常は、市町村職員自らが経営管理に係る施業を実施するわけではなく、民間事業者に委託し、施業してもらうこととなることから、民間事業者の有する技術的能力を生かすことが重要であるためです。

2. 具体的には、実際に施業を実施する際に請負事業を発注することのほか、施業方法の選択の際に民間事業者からの情報提供を受けること等が考えられます。

第2部 解説

Q 市町村が
市町村森林経営管理事業の
実施によって収入を得た場合、
その収入の取扱いはどうなるのですか?

Answer.

市町村が経営管理を行う森林は、林業経営に適さない森林のため、収入が発生することは想定しがたいですが、万が一収入が発生した場合は、経営管理を実施するに当たって要した経費に充てることとし、経費を控除してなお利益がある場合においては、森林所有者に支払われることになります。

7. 民間事業者への経営管理実施権の配分

Q 経営管理実施権配分計画の趣旨を教えて下さい。

Answer.

1. 林業経営者によって集約化された林業経営が行われると、個々の森林所有者単独ではなし得なかった採算性の確保が可能となるとともに、林業経営者が立木を伐採し、木材を販売した際に生じた利益を分収することで、森林所有者にとっても、本来得られなかった利益を得ることが可能となります。

2. また、市町村に集積された森林の権利については、可能な限り林業経営者へ設定することで、市町村自らが経営管理を行うこととなる場合が限定され、行政コストの低減が図られるとともに、意欲と能力のある林業経営者による林業経営が行われることで、木材生産等が拡大し、林業の成長産業化にも資することとなります。

第2部 解説

3. これらを受け、市町村が経営管理権を取得した森林のうち、特に林業経営に適した森林については、意欲と能力のある林業経営者に林業経営を委託するという仕組みを設けたものです。

4. この場合において、林業経営者に経営管理実施権を設定するに当たり、経営管理権集積計画により市町村に集積した多数の森林の権利を、個別の森林ごとに区々に設定するとすれば、林業経営者と市町村双方にとって負担となるとともに、集積が必要な森林として一括して市町村が経営管理権の設定を受けるという経営管理権集積計画の制度趣旨にもとることとなります。

5. このため、市町村が経営管理権に基づき林業経営者に林業経営を委託するに当たっても、経営管理権集積計画と同様に、計画（経営管理実施権配分計画）を定めることにより一括して林業経営者に権利を設定する方式をとることとしています。

早わかり森林経営管理法

83

Q 経営管理実施権の設定を受ける民間事業者はどのように選ばれるのですか？

Answer.

1. 森林について経営管理を確保するという観点から、都道府県は、
   ① 定期的に経営管理実施権の設定を受けることを希望する民間事業者を公募し、
   ② 公募に応募した民間事業者のうち経営管理を効率的かつ安定的に行う能力を有するような者を公表します。

2. また、このように都道府県により整理されたリストには、一の市町村において経営管理を行うことが可能な事業者が複数あることが想定されます。こうした事業者の中から、各市町村が自らの市町村にとって真に適切な者を公正に選定する必要があることから、市町村は、経営管理実施権の設定を受ける民間事業者を、公表されている民間事業者の中から、公正な方法により選定することとなります。

3. なお、対象者の選定は、経営管理実施権の設定を受けられるか否かで今後の規模拡大を進めていけるか否かが大きく左右されるなど、経営管理実施権の設定を受けることを希望する者に与える影響が大きいことから、都道府県及び市町村は、公募・公表・選定の過程の透明化を図るように努めるものとしています。

第 2 部 解説

Q 経営管理実施権の設定を受ける民間事業者としては、どのような者が想定されますか?

Answer.

1. 経営管理実施権の設定を受ける民間事業者としては、

① 森林所有者及び林業従事者の所得向上につながる高い生産性や収益性を有するなど効率的かつ安定的な林業経営を行うことができる者

② 主伐後の再造林を適切に実施するなど林業生産活動を継続して行うことができる者

などが想定されます。

2. 具体的には、

① 経営改善の意欲の有無

② 素材生産や造林・保育を実施するための実行体制の確保

③ 伐採・造林に関する行動規範の策定

等を考慮して、都道府県が地域の実情に応じて判断することとなります。なお、その際、**民間事業者の経営規模の大小は問いません。**

一口メモ

共同での施業

経営管理実施権の設定を受ける民間事業者については、自らは単独の施業しかしないような場合でも、他の事業者と連携して、複数の事業者で共同して主伐や主伐後の再造林を含む一連の施業を行い、継続的な林業生産活動を確保するような場合も想定されます。

Q. 民間事業者を公募する主体が都道府県となっているのはなぜですか？

Answer.

1. 一般的に、
   ① 民間事業者は、現状においても市町村域を超えて活動していること
   ② 一連の森林が市町村境界をまたがって存在していることが多いこと
   を踏まえると、複数市町村にまたがって経営管理実施権の設定を受けざるを得ないという実態にあります。

2. このような実態にある中、市町村が民間事業者の公募を行うこととすると、
   ① 市町村域を超えて活動する民間事業者にとっては、関心のある森林が存する複数の市町村が行う経営管理権集積計画に係る公告について、常に留意し続けていなければならないこととなり、その手間が煩雑となること
   ② 市町村にとっては、市町村域を超えて活動する民間事業者が、これまで活動したことのない市町村において経営管理実施権の設定に係る応募を行った場合、当該市町村には当該民間事業者に係る情報がなく、その者が意欲と能力を有しているかについての判断をするのに相当の手間と時間を要すること
   ③ 森林経営管理制度における市町村の事務負担を軽減する必要があること

   から、森林経営管理制度の円滑な実施のためには、市町村よりも都道府県知事が公募を行うことが望ましいことによるものです。

第2部 解説

Q 民間事業者の公募・公表・選定に当たって、都道府県及び市町村は、どのように透明性を図るのですか？

Answer.

1. 都道府県が民間事業者を公募し、応募の内容の情報を整理し公表するに当たっては、公募の実施方法や公表に至る過程を公表して透明性を図ることが想定されます。

2. 市町村が民間事業者を選定するに当たっては、都道府県が公表している民間事業者の中から選定した過程を公表することにより透明性を図ることが想定されます。

Q 林業経営者が経営管理実施権の設定を受けた森林で林業経営を行った結果、赤字となった場合は補填されるのですか？

Answer.

1. 経営管理実施権の設定を受けた民間事業者（林業経営者）は、自ら林業経営が成り立つと判断する森林において経営管理実施権の設定を受けて林業経営を行うことになります。そのような森林において、林業経営者の責任の下で林業経営が行われることになるので、結果として赤字になった場合は、林業経営者が負担することとなり、市町村等からの補填は想定していません。

2. なお、林業経営者は、そもそも赤字が見込まれる森林で経営管理実施権の設定を受けて林業経営を行うということは想定されず、そのような森林については、市町村が市町村森林経営管理事業を実施することになるのが一般的です。

一口メモ

国庫補助の対象

林業経営者が実施する間伐、造林等の施業についても、国庫補助等の対象となり得ます。

第2部　解説

Q

市町村が経営管理実施権配分計画を
定めるに当たって、経営管理実施権の設定
を受ける民間事業者の同意は得なければ
ならないこととなっていますが、森林所有者
の同意を得る必要はないのですか?

Answer.

経営管理実施権配分計画については、

① 経営管理実施権が、経営管理権集積計画により設定された経営管理権に基づき設定されるものであることから、その内容、存続期間等は経営管理権の範囲内のものとなること

② 経営管理実施権配分計画においては、経営管理権集積計画において定められた森林所有者に支払われるべき金銭の額の算定方法等も改めて記載することとされていること

から、森林所有者の利益を害するものとはならないため、森林所有者の同意を改めて得る必要はありません。

一口メモ

経営管理実施権が経営管理権の範囲内となるということ

本法第2条第5項において、「**経営管理実施権**とは、森林について経営管理権を有する市町村が当該**経営管理権に基づいて**行うべき自然的経済的社会的諸条件に応じた経営又は管理を民間事業者が行うため、当該市町村の委託を受けて伐採等を実施するための権利をいう」とされています。

Q 林業経営者から市町村に支払われるべき金銭がある場合というのはどのような場合を想定しているのですか?

Answer.

経営 管理実施権の設定に当たっては、境界の明確化等に要する経費が発生すること等が想定されるため、市町村に支払われるべき金銭がある場合における当該金銭の額の算定方法及び当該金銭の支払の時期についても、経営管理実施権配分計画の中で定めるものとしています。

第2部 解説

Q 林業経営者は、伐採後の造林について、天然更新ではなく植栽をしなければいけないのですか?

Answer.

1. 経営管理実施権を設定する森林については、基本的に林業経営者が「伐って、使って、植える」という林業経営を行うことを前提としており、主伐を実施する場合は、着実に森林の循環的利用が確保されるよう、主伐後の造林については、天然更新ではなく、植栽を行う必要があります。

2. このため、本法において、林業経営者は、販売収益について伐採後の**植栽及び保育**に要すると見込まれる額を適切に留保し、これらに要する経費に充てることにより、伐採後の**植栽及び保育**を実施しなければならない旨を留意事項として規定しています（第38条）。

一口メモ

造林の方法

造林の手法としては、苗木を植える（人工）植栽と、伐採後の切り株や地面に落ちている種子から自然に発芽するのを待つ天然更新がありますが、同一の樹種を均等に育成させることが必要な人工林においては、植栽の手法による必要があります。

Q 林業経営者による森林の経営管理はどのように確保されるのですか?

Answer.

本法において、市町村は、

① 林業経営者による確実な経営管理が行われているかを確認できるようにするため、林業経営者から経営管理の実施状況等の報告を求めることができることとし、

② 林業経営者が適切な経営管理を行っていない場合には経営管理実施権を取り消すことができることとしており、

これらの措置の適切な実施により、林業経営者による適切な経営管理が確保されることとなります。

Q 経営管理実施権が設定された森林について、森林経営計画を作成する必要はありますか?

Answer.

森林経営管理法は、森林の経営管理に係る委託を推進する法律であり、その施業の規範はあくまで森林法によっています。このため、経営管理実施権が設定された森林についても、森林経営計画を樹立して適切な施業を確保することが望ましいと考えられます。

8. 林業経営者に対する支援措置

Q 林業経営者への国有林野事業における配慮について教えて下さい。

Answer.

1. 林業経営者（経営管理実施権の設定を受けた民間事業者）は、より効率的な林業経営のため、更なる事業地拡大を図ろうとすることが想定されます。また、林業政策上も、意欲と能力のある林業経営者に対して森林の集積を進め、更に効率的な林業経営を行うことができるような環境を整備することにより、生産性の向上及び採算性の確保を図ることが重要です。

2. このため、経営管理実施権に係る森林と近接する国有林がある場合には、林業経営者が当該森林と国有林において一体的に施業を実施し、林業経営の更なる効率化を図る機会を得ることができるよう、国は、国有林野事業に係る伐採等を他に委託して行う場合には、林業経営者に委託するよう配慮することとしています。

3. 具体的には、国有林野事業においては、国有林の伐採等の事業の委託を入札により発注しており、価格と価格以外の技術や創意工夫等を評価して落札者を決定する総合評価落札方式を採用していますが、この評価を行う際に、林業経営者が経営管理実施権の設定を受けていることを考慮することにより、その受注機会の増大を図ることとなります。

4. なお、このような措置は、一定の要件を具備した優良な林業経営者によって国有林の経営管理が行われるという点から、国有林野事業にとっても有意義なものであるということができます。

Q 国有林及び関係地方公共団体が相互に連携を図り、林業経営者に対し、経営管理に資する技術の普及をすることとしている趣旨を教えて下さい。

Answer.

伐採 ・造林の一貫作業を含む低コストで効率的な作業システムなど新たな技術の実証に取り組み、技術的な知見を豊富に有している国の機関と、現場に近い立場で林業経営者のニーズを把握している地方公共団体が情報を共有することにより、効率的に林業経営者への技術普及を行うこととしています。

一口メモ

国有林の対象を「森林法第7条の2第1項に規定する国有林」としている理由

国有林を所管している国の機関のうち森林管理局長に限定し、ダム付近の森林を所管する国土交通省、演習場内の森林を所管する防衛省など森林・林業に関する技術を有していない他の機関を除くためです。

第2部 解説

Q 信用基金が林業経営者に対する経営の改善発達に係る助言等を行うことができることとしている趣旨を教えて下さい。

Answer.

1. 林業経営者には、高性能林業機械の導入などコスト削減を図りながら、着実に経営を発展させ、地域林業の主要な担い手となってもらうことが期待されます。

2. このため、このような林業経営者に対しては、経営内容の高度化を図るため、経営に関する知識と経験が豊富な者からの十分な支援が行われる必要があります。

3. この点、独立行政法人農林漁業信用基金（信用基金）は、金融関係業務を通じて、企業の財務状況等の分析や原料調達、販売戦略等に関する知見を蓄積してきているほか、国、都道府県等とのネットワークにより、制度資金、補助金の活用等の手法にも精通しています。

4. 本措置は、このような信用基金の有する知見を生かして、林業経営者に対して、経営の改善発達に係る総合的かつ的確な助言を行うことを可能とするものです。

5. 具体的には、信用基金が、林業経営者の事業内容や規模に応じて、
   ① 必要経費や売上げに対応した資金の借入れ、返済の見通し
   ② より有利な制度資金や債務保証の利用方法
   等に関する助言を行うことを想定しています。

Q 信用基金が林業経営者に対して行う支援として、経営の改善発達に係る助言以外には何を想定していますか？

Answer.

林業経営者に対する経営の改善発達に係る助言のほか、林業経営者と木材を必要とする製材業者とのマッチングなどが想定されます。

Q 林業経営者が借りられる林業・木材産業改善資金の償還期間を延長する趣旨を教えて下さい。

Answer.

1. 林業経営者は、林業経営の規模拡大に当たり、施業の効率化に向けて高性能林業機械の導入・更新を行うことがあり得ます。この場合、林業経営者が林業・木材産業改善資金（改善資金）を借り入れる際、ほかの林業経営者に比べて、1年当たりの返済負担が増加することとなります。

2. したがって、林業経営者の1年当たりの返済負担を平準化するために、林業経営改善計画の認定を受けた林業経営者が改善資金を借り入れる場合には、その償還期間を延長し、その上限を12年から15年としているものです。

9. 災害等防止措置命令

Q 災害等防止措置命令制度の趣旨を教えて下さい。

Answer.

1. 従来の森林法に規定されていた要間伐森林制度は、
   ① 緊急に施業が行われなければ土砂の流出又は崩壊の発生のおそれがあるといった要件に該当する森林の所有者に対して、
   ② 市町村は、所有者に実施すべき施業の方法及び時期などを通知、勧告し、勧告に従わない場合は適切に施業を実施できる者に必要な権利を譲渡させることにより、必要な施業の確保を行おうとするものでした。

2. しかしながら、要間伐森林制度は、通知、勧告、協議、調停、裁定等の重厚な手続を要することから、相当の時間を要することとなり、緊急に対応が必要な場合に迅速かつ機動的に対応できる仕組みとはなっておらず、活用実績もありませんでした。

3. 一方、近年の我が国においては、集中豪雨の増加により深刻化してきている土砂崩壊等による流木被害等の森林災害が増加しており、適切な伐採又は保育の実施により、災害防止に向けた森林の水土保全機能を含む多面的機能の維持・強化を図ることが喫緊の課題となっています。

4. これらを踏まえ、災害等防止措置命令制度は、要間伐森林制度について、その目的及び趣旨を踏襲しつつ、より広範な事態に対応できるようにし（間伐のみならず、主伐も行うことができるようにし）、要間伐森林制度を発展的に解消した上で、森林の多面的機能の確保に資するための新たな措置を本法において設けることとしたものです。

5. 具体的には、
① 要間伐森林制度の対象としていた、緊急に施業が行われなければ土砂の流出又は崩壊の発生のおそれがあるといった要件に該当する森林について、
② 市町村は、当該森林の森林所有者に対して必要な措置を命令し、その命令に従わない場合は、市町村が代執行することによって、必要な施業が行われるように措置するものであり、
緊急に施業が必要な状況に速やかに対応できるよう要間伐森林制度の手続を簡素化することとしました。

第2部 解説

Q 災害等防止措置命令の対象となる森林には、間伐を行う必要がある森林だけでなく、主伐を行う必要がある森林も含まれるのですか?

Answer.

1. 近年、我が国の人工林の過半が主伐期を迎えつつあり、荒れ果てた森林について、皆伐・造林することで再生させるなど、「主伐」が森林の多面的機能の維持を図るための一つの有効な施業方法となっています。

2. また、気象害により折損した立木や病害虫等により枯死した立木を含む森林の皆伐は、緊急性を伴うものが多いことからも、災害等防止措置命令の対象となる森林の施業は、間伐だけではなく、主伐を含む「伐採」が必要なものに広げています。

Q 災害等防止措置命令の対象となる森林には、造林を行う必要がある森林も含まれるのですか？

Answer.

災害等防止措置命令制度において、伐採後の造林については、措置命令の対象とすることを想定していません。これは、森林所有者が施業を懈怠し、かつ、これに対し、市町村の長が造林のみを必要と考えるような森林は、

① 伐採及び伐採後の造林の届出書どおりに造林がなされていない森林
② 無届伐採により、裸地となった森林

のいずれかであり、これらへの対処については、既に森林法上の措置で対応可能なためです。

Q 市町村が代執行を行った場合の費用徴収について教えて下さい。

Answer.

費用の徴収については、市町村が、実施した間伐や伐倒駆除、保育等の実費の額及びその納付日を定めた上で、森林所有者に文書で納付を命ずることとなります。

　なお、市町村は、国税及び地方税に次ぐ順位の先取特権を有することとなり、徴収金は代執行を行った市町村の収入となります。

第2部 解説

Q 災害等防止措置命令制度は、なぜ森林法ではなく森林経営管理法に位置付けられたのですか?

Answer.

災害等防止措置命令制度については、皆伐を含めた主伐に係る命令もできるようになることから、森林の伐採を制限し、森林資源の管理をその主目的とする森林法ではなく、経営管理の実施により、森林資源の積極的な利用を促進する本法において措置することが適切なためです。

10. 市町村の実行体制の確保

Q 市町村が森林経営管理制度を円滑に実施するため、何らかの支援は行われるのですか?

Answer.

1. 市町村は、地域の森林の経営管理が円滑に行われるように主体的に取り組むことが求められるため、その実施体制の整備は重要な課題です。

2. そのため、
   ① 国としては、地域の民有林行政の現場を熟知した林業技術者に加え、都道府県職員のOB等を「地域林政アドバイザー」として市町村が雇用する取組を推進するとともに、
   ② 本法においても、都道府県による市町村の事務の代替執行ができる制度を導入している
   など必要な体制整備に向けた取組を進めることとしています。

一口メモ

市町村の実行体制が整わない場合

地域林政アドバイザーや都道府県による代替執行の活用以外にも、市町村の実行体制を整えるための工夫として、例えば、近隣市町村同士が連携して共同で事業を行うことも可能です。

第2部 解説

Q 都道府県からの発意により市町村の事務を代替執行できる仕組みを設けた趣旨を教えて下さい。

Answer.

1. 市町村によっては、森林経営管理制度に関する事務の実施に慣れておらず、実施体制が整うまでに時間を要するといった事情により、円滑な事務の実施に支障が生じることが考えられます。

2. この点、都道府県は、市町村に比べ人員、予算等の規模が大きく、実施体制を整備することができると考えられます。

   また、複数の市町村域にまたがる森林について、流域、地形等に鑑みて、都道府県がまとめて計画の作成や事業の実施をする方がより効率的であるという場面も想定されます。

3. このため、都道府県は、市町村が行う経営管理に関する事務のうち、
   ① 経営管理意向調査に関する事務
   ② 経営管理権集積計画の作成に関する事務
   ③ 市町村森林経営管理事業に関する事務
   ④ 経営管理実施権配分計画の作成に関する事務
   について、当該市町村の名において管理し、及び執行することについて、当該市町村の同意を求めることができることとしているものです。

各論

一口メモ

市町村からの発意により
都道府県が行う代替執行

市町村から都道府県に対して代替執行の要請を申し出ることは、地方自治法に基づく一般的な方法であり、当然可能です。

※地方自治法
　　（事務の代替執行）
　第252条の16の2　普通地方公共団体は、他の普通地方公共団体の求めに応じて、協議により規約を定め、当該他の普通地方公共団体の事務の一部を、当該他の普通地方公共団体又は当該他の普通地方公共団体の長若しくは同種の委員会若しくは委員の名において管理し及び執行することができる。

第3部

参考資料

森林経営管理法

(平成30年6月1日法律第35号)

目次

第1章　総則（第1条—第3条）

第2章　市町村への経営管理権の集積

　第1節　経営管理権集積計画の作成等（第4条—第9条）

　第2節　経営管理権集積計画の作成手続の特例

　　第1款　共有者不明森林に係る特例（第10条—第15条）

　　第2款　確知所有者不同意森林に係る特例（第16条—第23条）

　　第3款　所有者不明森林に係る特例（第24条—第32条）

第3章　市町村による森林の経営管理（第33条・第34条）

第4章　民間事業者への経営管理実施権の配分（第35条—第41条）

第5章　災害等防止措置命令等（第42条・第43条）

第6章　林業経営者に対する支援措置（第44条—第46条）

第7章　雑則（第47条—第51条）

第8章　罰則（第52条・第53条）

附則

第1章　総則

（目的）

第1条　この法律は、森林法（昭和26年法律第249号）第5条第1項の規定によりたてられた地域森林計画の対象とする森林について、市町村が、経営管理権集積計画を定め、森林所有者から経営管理権を取得した上で、自ら経営管理を行い、又は経営管理実施権を民間事業者に設定する等の措置を講ずることにより、林業経営の効率化及び森林の管理の適正化の一体的な促

進を図り、もって林業の持続的発展及び森林の有する多面的機能の発揮に資することを目的とする。

（定義）

第2条　この法律において「森林」とは、森林法第2条第3項に規定する民有林をいう。

2　この法律において「森林所有者」とは、権原に基づき森林の土地の上に木竹を所有し、及び育成することができる者をいう。

3　この法律において「経営管理」とは、森林（森林法第5条第1項の規定によりたてられた地域森林計画の対象とするものに限る。第5章を除き、以下同じ。）について自然的経済的社会的諸条件に応じた適切な経営又は管理を持続的に行うことをいう。

4　この法律において「経営管理権」とは、森林について森林所有者が行うべき自然的経済的社会的諸条件に応じた経営又は管理を市町村が行うため、当該森林所有者の委託を受けて立木の伐採及び木材の販売、造林並びに保育（以下「伐採等」という。）（木材の販売による収益（以下「販売収益」という。）を収受するとともに、販売収益から伐採等に要する経費を控除してなお利益がある場合にその一部を森林所有者に支払うことを含む。）を実施するための権利をいう。

5　この法律において「経営管理実施権」とは、森林について経営管理権を有する市町村が当該経営管理権に基づいて行うべき自然的経済的社会的諸条件に応じた経営又は管理を民間事業者が行うため、当該市町村の委託を受けて伐採等（販売収益を収受するとともに、販売収益から伐採等に要する経費を控除してなお利益がある場合にその一部を市町村及び森林所有者に支払うことを含む。）を実施するための権利をいう。

（責務）

第3条　森林所有者は、その権原に属する森林について、適時に伐採、造林及び保育を実施することにより、経営管理を行わなければならない。

2 　市町村は、その区域内に存する森林について、経営管理が円滑に行われるようこの法律に基づく措置その他必要な措置を講ずるように努めるものとする。

第2章　市町村への経営管理権の集積

第1節　経営管理権集積計画の作成等
（経営管理権集積計画の作成）
第4条　市町村は、その区域内に存する森林の全部又は一部について、当該森林についての経営管理の状況、当該森林の存する地域の実情その他の事情を勘案して、当該森林の経営管理権を当該市町村に集積することが必要かつ適当であると認める場合には、経営管理権集積計画を定めるものとする。

2 　経営管理権集積計画においては、次に掲げる事項を定めるものとする。

一　市町村が経営管理権の設定を受ける森林（以下「集積計画対象森林」という。）の所在、地番、地目及び面積

二　集積計画対象森林の森林所有者の氏名又は名称及び住所

三　市町村が設定を受ける経営管理権の始期及び存続期間

四　市町村が設定を受ける経営管理権に基づいて行われる経営管理の内容

五　販売収益から伐採等に要する経費を控除してなお利益がある場合において森林所有者に支払われるべき金銭の額の算定方法並びに当該金銭の支払の時期、相手方及び方法

六　集積計画対象森林について権利を設定し、又は移転する場合には、あらかじめ、市町村にその旨を通知しなければならない旨の条件

七　第3号に規定する存続期間の満了時及び第9条第2項、第15条第2項、第23条第2項又は第3条第2項の規定によりこれらの規定に規定する委託が解除されたものとみなされた時における清算の方法

八　その他農林水産省令で定める事項

3　前項第5号に規定する算定方法を定めるに当たっては、計画的かつ確実に伐採後の造林及び保育が実施されることにより経営管理が行われるよう、伐採後の造林及び保育に要する経費が適切に算定されなければならない。

4　経営管理権集積計画は、森林法第10条の5第1項の規定によりたてられた市町村森林整備計画、都道府県の治山事業（同法第10条の15第4項第4号に規定する治山事業をいう。）の実施に関する計画その他地方公共団体の森林の整備及び保全に関する計画との調和が保たれたものでなければならない。

5　経営管理権集積計画は、集積計画対象森林ごとに、当該集積計画対象森林について所有権、地上権、質権、使用貸借による権利、賃借権又はその他の使用及び収益を目的とする権利を有する者の全部の同意が得られているものでなければならない。

（経営管理意向調査）

第5条　市町村は、経営管理権集積計画を定める場合には、農林水産省令で定めるところにより、集積計画対象森林の森林所有者（次条第1項の規定による申出に係るものを除く。）に対し、当該集積計画対象森林についての経営管理の意向に関する調査（第48条第1項第1号において「経営管理意向調査」という。）を行うものとする。

（経営管理権集積計画の作成の申出）

第6条　森林所有者は、農林水産省令で定めるところにより、その権原に属する森林について、当該森林の所在地の市町村に対し、経営管理権集積計画を定めるべきことを申し出ることができる。

2　前項の規定による申出を受けた市町村は、当該申出に係る森林を集積計画対象森林としないこととしたときは、その旨及びその理由を、当該申出をした森林所有者に通知するように努めるものとする。

（経営管理権集積計画の公告等）

第7条　市町村は、経営管理権集積計画を定めたときは、農林水産省令

で定めるところにより、遅滞なく、その旨を公告するものとする。

2　前項の規定による公告があったときは、その公告があった経営管理権集積計画の定めるところにより、市町村に経営管理権が、森林所有者に金銭の支払を受ける権利（以下「経営管理受益権」という。）が、それぞれ設定される。

3　前項の規定により設定された経営管理権は、第1項の規定による公告の後において当該経営管理権に係る森林の森林所有者となった者（国その他の農林水産省令で定める者を除く。）に対しても、その効力があるものとする。

（経営管理権集積計画の取消し）

第8条　市町村は、経営管理権を有する森林の森林所有者が次の各号のいずれかに該当する場合には、経営管理権集積計画のうち当該森林所有者に係る部分を取り消すことができる。

一　偽りその他不正な手段により市町村に経営管理権集積計画を定めさせたことが判明した場合

二　当該森林に係る権原を有しなくなった場合

三　その他経営管理に支障を生じさせるものとして農林水産省令で定める要件に該当する場合

（経営管理権集積計画の取消しの公告）

第9条　市町村は、前条の規定による取消しをしたときは、農林水産省令で定めるところにより、遅滞なく、その旨を公告するものとする。

2　前項の規定による公告があったときは、経営管理権集積計画のうち前条の規定により取り消された部分に係る経営管理権に係る委託は、解除されたものとみなす。

　　　　第2節　経営管理権集積計画の作成手続の特例

　　　　　第1款　共有者不明森林に係る特例

（不明森林共有者の探索）

第10条　市町村は、経営管理権集積計画（存続期間が50年を超えない経営管理権の設定を市町村が受けることを内容とするものに限る。以

下この款において同じ。）を定める場合において、集積計画対象森林の
うちに、数人の共有に属する森林であってその森林所有者の一部を確
知することができないもの（以下「共有者不明森林」という。）があり、
かつ、当該森林所有者で知れているものの全部が当該経営管理権集積
計画に同意しているときは、相当な努力が払われたと認められるもの
として政令で定める方法により、当該森林所有者で確知することがで
きないもの（以下「不明森林共有者」という。）の探索を行うものとする。
（共有者不明森林に係る公告）

第11条　市町村は、前条の探索を行ってもなお不明森林共有者を確知す
ることができないときは、その定めようとする経営管理権集積計画及
び次に掲げる事項を公告するものとする。

一　共有者不明森林の所在、地番、地目及び面積

二　共有者不明森林の森林所有者の一部を確知することができない旨

三　共有者不明森林について、経営管理権集積計画の定めるところに
より、市町村が経営管理権の設定を、森林所有者が経営管理受益権
の設定を受ける旨

四　前号に規定する経営管理権に基づき、共有者不明森林について次
のいずれかが行われる旨

イ　第33条第1項に規定する市町村森林経営管理事業の実施による
経営管理

ロ　第35条第1項の経営管理実施権配分計画による経営管理実施権
の設定及び当該経営管理実施権に基づく民間事業者による経営管
理

五　共有者不明森林についての次に掲げる事項

イ　第3号に規定する経営管理権の始期及び存続期間

ロ　第3号に規定する経営管理権に基づいて行われる経営管理の内
容

ハ　販売収益から伐採等に要する経費を控除してなお利益がある場
合において森林所有者に支払われるべき金銭の額の算定方法並び

に当該金銭の支払の時期、相手方及び方法

ニ　イに規定する存続期間の満了時及び第9条第2項、第15条第2項又は第23条第2項の規定によりこれらの規定に規定する委託が解除されたものとみなされた時における清算の方法

六　不明森林共有者は、公告の日から起算して6月以内に、農林水産省令で定めるところにより、その権原を証する書面を添えて市町村に申し出て、経営管理権集積計画又は前3号に掲げる事項について異議を述べることができる旨

七　不明森林共有者が前号に規定する期間内に異議を述べなかったときは、当該不明森林共有者は経営管理権集積計画に同意したものとみなす旨

（不明森林共有者のみなし同意）

第12条　不明森林共有者が前条第6号に規定する期間内に異議を述べなかったときは、当該不明森林共有者は、経営管理権集積計画に同意したものとみなす。

（経営管理権集積計画の取消し）

第13条　前条の規定により経営管理権集積計画に同意したものとみなされた森林所有者（次条第一項に規定するものを除く。）は、農林水産省令で定めるところにより、市町村の長に対し、当該経営管理権集積計画のうち当該森林所有者に係る部分を取り消すべきことを申し出ることができる。

2　市町村の長は、前項の規定による申出があったときは、当該申出の日から起算して2月を経過した日以後速やかに、当該経営管理権集積計画のうち当該森林所有者に係る部分を取り消すものとする。

第14条　第12条の規定により経営管理権集積計画に同意したものとみなされた森林所有者（その権原に属する森林のうち当該同意に係るものについて第37条第2項の規定により経営管理実施権が設定されているものに限る。）は、次の各号のいずれかに該当する場合には、農林水産省令で定めるところにより、市町村の長に対し、当該経営管理権

集積計画のうち当該森林所有者に係る部分を取り消すべきことを申し出ることができる。

一　経営管理権集積計画のうち当該森林所有者に係る部分の取消しについて、当該部分に係る経営管理権に基づく経営管理実施権の設定を受けている民間事業者の承諾を得た場合

二　予見し難い経済情勢の変化その他経営管理権集積計画のうち当該森林所有者に係る部分を取り消すことについてやむを得ない事情があり、かつ、当該部分に係る経営管理権に基づく経営管理実施権の設定を受けている民間事業者に対し、当該森林所有者が通常生ずべき損失の補償をする場合

2　前条第2項の規定は、前項の規定による申出があった場合について準用する。

（経営管理権集積計画の取消しの公告）

第15条　市町村は、第13条第2項（前条第2項において準用する場合を含む。次項において同じ。）の規定による取消しをしたときは、農林水産省令で定めるところにより、遅滞なく、その旨を公告するものとする。

2　前項の規定による公告があったときは、経営管理権集積計画のうち第13条第2項の規定により取り消された部分に係る経営管理権に係る委託は、解除されたものとみなす。

　　　　　第2款　確知所有者不同意森林に係る特例

（同意の勧告）

第16条　市町村が経営管理権集積計画を定める場合において、集積計画対象森林のうちに、その森林所有者（数人の共有に属する森林にあっては、その森林所有者のうち知れている者。以下「確知森林所有者」という。）が当該経営管理権集積計画に同意しないもの（以下「確知所有者不同意森林」という。）があるときは、当該市町村の長は、農林水産省令で定めるところにより、当該確知森林所有者に対し、当該経営管理権集積計画に同意すべき旨を勧告することができる。

（裁定の申請）

第17条　市町村の長が前条の規定による勧告をした場合において、当該勧告をした日から起算して2月以内に当該勧告を受けた確知森林所有者が経営管理権集積計画に同意しないときは、当該市町村の長は、当該勧告をした日から起算して6月以内に、農林水産省令で定めるところにより、都道府県知事の裁定を申請することができる。

（意見書の提出）

第18条　都道府県知事は、前条の規定による申請があったときは、当該申請をした市町村が希望する経営管理権集積計画の内容を当該申請に係る確知所有者不同意森林の確知森林所有者に通知し、2週間を下らない期間を指定して意見書を提出する機会を与えるものとする。

2　前項の意見書を提出する確知森林所有者は、当該意見書において、当該確知森林所有者の有する権利の種類及び内容、同項の経営管理権集積計画の内容に同意しない理由その他の農林水産省令で定める事項を明らかにしなければならない。

3　都道府県知事は、第1項の期間を経過した後でなければ、裁定をしないものとする。

（裁定）

第19条　都道府県知事は、第17条の規定による申請に係る確知所有者不同意森林について、現に経営管理が行われておらず、かつ、前条第1項の意見書の内容、当該確知所有者不同意森林の自然的経済的社会的諸条件、その周辺の地域における土地の利用の動向その他の事情を勘案して、当該確知所有者不同意森林の経営管理権を当該申請をした市町村に集積することが必要かつ適当であると認める場合には、裁定をするものとする。

2　前項の裁定においては、次に掲げる事項を定めるものとする。

一　確知所有者不同意森林の所在、地番、地目及び面積

二　確知所有者不同意森林の確知森林所有者の氏名又は名称及び住所

三　市町村が設定を受ける経営管理権の始期及び存続期間

四　市町村が設定を受ける経営管理権に基づいて行われる経営管理の内容

　五　販売収益から伐採等に要する経費を控除してなお利益がある場合において確知森林所有者に支払われるべき金銭の額の算定方法並びに当該金銭の支払の時期、相手方及び方法

　六　確知所有者不同意森林について権利を設定し、又は移転する場合には、あらかじめ、市町村にその旨を通知しなければならない旨の条件

　七　第3号に規定する存続期間の満了時及び第9条第2項、第15条第2項又は第23条第2項の規定によりこれらの規定に規定する委託が解除されたものとみなされた時における清算の方法

　八　その他農林水産省令で定める事項

3　第1項の裁定は、前項第1号、第3号及び第4号に掲げる事項については申請の範囲を超えないものとし、同項第3号に規定する存続期間については50年を限度として定めるものとする。

（裁定に基づく経営管理権集積計画）

第20条　都道府県知事は、前条第1項の裁定をしたときは、農林水産省令で定めるところにより、遅滞なく、その旨を当該裁定の申請をした市町村の長及び当該裁定に係る確知所有者不同意森林の確知森林所有者に通知するものとする。当該裁定についての審査請求に対する裁決によって当該裁定の内容が変更されたときも、同様とする。

2　前項の規定による通知を受けた市町村は、速やかに、前条第1項の裁定（前項後段に規定するときにあっては、裁決によるその内容の変更後のもの）において定められた同条第2項各号に掲げる事項を内容とする経営管理権集積計画を定めるものとする。

3　前項の規定により定められた経営管理権集積計画については、確知森林所有者は、これに同意したものとみなす。

（経営管理権集積計画の取消し）

第21条　前条第3項の規定により経営管理権集積計画に同意したもの

とみなされた森林所有者であって第18条第1項の経営管理権集積計
画の内容に同意しない旨の同項の意見書を提出したもの（次条第1項
に規定するものを除く。）は、前条第2項の規定により定められた経営
管理権集積計画について第7条第1項の規定による公告があった日か
ら起算して5年を経過したときは、農林水産省令で定めるところによ
り、市町村の長に対し、当該経営管理権集積計画のうち当該森林所有
者に係る部分を取り消すべきことを申し出ることができる。

2　市町村の長は、前項の規定による申出があった場合には、当該申出
の日から起算して2月を経過した日以後速やかに、当該経営管理権集
積計画のうち当該森林所有者に係る部分を取り消すものとする。

第22条　第20条第3項の規定により経営管理権集積計画に同意したも
のとみなされた森林所有者であって第18条第1項の経営管理権集積
計画の内容に同意しない旨の同項の意見書を提出したもの（その権原
に属する森林のうち第20条第2項の規定により定められた経営管理
権集積計画に係るものについて第37条第2項の規定により経営管理
実施権が設定されているものに限る。）は、次の各号のいずれかに該当
する場合には、農林水産省令で定めるところにより、市町村の長に対し、
当該経営管理権集積計画のうち当該森林所有者に係る部分を取り消す
べきことを申し出ることができる。

一　経営管理権集積計画のうち当該森林所有者に係る部分の取消しに
ついて、当該部分に係る経営管理権に基づく経営管理実施権の設定
を受けている民間事業者の承諾を得た場合

二　予見し難い経済情勢の変化その他経営管理権集積計画のうち当該
森林所有者に係る部分を取り消すことについてやむを得ない事情が
あり、かつ、当該部分に係る経営管理権に基づく経営管理実施権の
設定を受けている民間事業者に対し、当該森林所有者が通常生ずべ
き損失の補償をする場合

2　前条第2項の規定は、前項の規定による申出があった場合について
準用する。

第3部　参考資料

（経営管理権集積計画の取消しの公告）

第23条　市町村は、第21条第2項（前条第2項において準用する場合を含む。次項において同じ。）の規定による取消しをしたときは、農林水産省令で定めるところにより、遅滞なく、その旨を公告するものとする。

2　前項の規定による公告があったときは、経営管理権集積計画のうち第21条第2項の規定により取り消された部分に係る経営管理権に係る委託は、解除されたものとみなす。

　　　　　第3款　所有者不明森林に係る特例

（不明森林所有者の探索）

第24条　市町村は、経営管理権集積計画を定める場合において、集積計画対象森林のうちに、その森林所有者（数人の共有に属する森林にあっては、その森林所有者の全部。次条第2号において同じ。）を確知することができないもの（以下「所有者不明森林」という。）があるときは、相当な努力が払われたと認められるものとして政令で定める方法により、確知することができない森林所有者（以下「不明森林所有者」という。）の探索を行うものとする。

（所有者不明森林に係る公告）

第25条　市町村は、前条の探索を行ってもなお不明森林所有者を確知することができないときは、その定めようとする経営管理権集積計画及び次に掲げる事項を公告するものとする。

　一　所有者不明森林の所在、地番、地目及び面積

　二　所有者不明森林の森林所有者を確知することができない旨

　三　不明森林所有者は、公告の日から起算して6月以内に、農林水産省令で定めるところにより、その権原を証する書面を添えて市町村に申し出るべき旨

　四　前号に規定する期間内に同号の規定による申出がないときは、所有者不明森林について、都道府県知事が第27条第1項の裁定をすることがある旨

五　所有者不明森林について、経営管理権集積計画の定めるところにより、市町村が経営管理権の設定を、森林所有者が経営管理受益権の設定を受ける旨

六　前号に規定する経営管理権に基づき、所有者不明森林について次のいずれかが行われる旨

　イ　第33条第1項に規定する市町村森林経営管理事業の実施による経営管理

　ロ　第35条第1項の経営管理実施権配分計画による経営管理実施権の設定及び当該経営管理実施権に基づく民間事業者による経営管理

七　所有者不明森林についての次に掲げる事項

　イ　第5号に規定する経営管理権の始期及び存続期間

　ロ　第5号に規定する経営管理権に基づいて行われる経営管理の内容

　ハ　販売収益から伐採等に要する経費を控除してなお利益がある場合において供託されるべき金銭の額の算定方法及び当該金銭の供託の時期

　ニ　イに規定する存続期間の満了時及び第9条第2項又は第32条第2項の規定によりこれらの規定に規定する委託が解除されたものとみなされた時における清算の方法

八　その他農林水産省令で定める事項

（裁定の申請）

第26条　市町村が前条の規定による公告をした場合において、同条第3号に規定する期間内に不明森林所有者から同号の規定による申出がないときは、当該市町村の長は、当該期間が経過した日から起算して4月以内に、農林水産省令で定めるところにより、都道府県知事の裁定を申請することができる。

（裁定）

第27条　都道府県知事は、前条の規定による申請に係る所有者不明森林

について、現に経営管理が行われておらず、かつ、当該所有者不明森林の自然的経済的社会的諸条件、その周辺の地域における土地の利用の動向その他の事情を勘案して、当該所有者不明森林の経営管理権を当該申請をした市町村に集積することが必要かつ適当であると認める場合には、裁定をするものとする。

2　前項の裁定においては、次に掲げる事項を定めるものとする。

一　所有者不明森林の所在、地番、地目及び面積

二　市町村が設定を受ける経営管理権の始期及び存続期間

三　市町村が設定を受ける経営管理権に基づいて行われる経営管理の内容

四　販売収益から伐採等に要する経費を控除してなお利益がある場合において供託されるべき金銭の額の算定方法及び当該金銭の供託の時期

五　所有者不明森林について権利を設定し、又は移転する場合には、あらかじめ、市町村にその旨を通知しなければならない旨の条件

六　第2号に規定する存続期間の満了時及び第9条第2項又は第30条第2項の規定によりこれらの規定に規定する委託が解除されたものとみなされた時における清算の方法

七　その他農林水産省令で定める事項

3　第1項の裁定は、前項第1号から第3号までに掲げる事項については申請の範囲を超えないものとし、同項第2号に規定する存続期間については50年を限度として定めるものとする。

（裁定に基づく経営管理権集積計画）

第28条　都道府県知事は、前条第1項の裁定をしたときは、農林水産省令で定めるところにより、遅滞なく、その旨を、当該裁定の申請をした市町村の長に通知するとともに、公告するものとする。当該裁定についての審査請求に対する裁決によって当該裁定の内容が変更されたときも、同様とする。

2　前項の規定による通知を受けた市町村は、速やかに、前条第1項の

裁定（前項後段に規定するときにあっては、裁決によるその内容の変更後のもの）において定められた同条第2項各号に掲げる事項を内容とする経営管理権集積計画を定めるものとする。

3　前項の規定により定められた経営管理権集積計画については、不明森林所有者は、これに同意したものとみなす。

（供託）

第29条　前条第3項の規定により同意したものとみなされた経営管理権集積計画に基づき森林所有者に支払うべき金銭が生じたときは、市町村（当該同意に係る森林について第37条第2項の規定により経営管理実施権が設定されている場合にあっては、当該経営管理実施権の設定を受けた民間事業者）は、当該金銭の支払に代えて、当該金銭を供託するものとする。

2　前項の規定による金銭の供託は、当該森林の所在地の供託所にするものとする。

（経営管理権集積計画の取消し）

第30条　第28条第3項の規定により経営管理権集積計画に同意したものとみなされた森林所有者（次条第1項に規定するものを除く。）は、当該経営管理権集積計画について第7条第1項の規定による公告があった日から起算して5年を経過したときは、農林水産省令で定めるところにより、市町村の長に対し、当該経営管理権集積計画のうち当該森林所有者に係る部分を取り消すべきことを申し出ることができる。

2　市町村の長は、前項の規定による申出があった場合には、当該申出の日から起算して2月を経過した日以後速やかに、当該経営管理権集積計画のうち当該森林所有者に係る部分を取り消すものとする。

第31条　第28条第3項の規定により経営管理権集積計画に同意したものとみなされた森林所有者（その権原に属する森林のうち当該経営管理権集積計画に係るものについて第37条第2項の規定により経営管理実施権が設定されているものに限る。）は、次の各号のいずれかに該当する場合には、農林水産省令で定めるところにより、市町村の長に対し、

当該経営管理権集積計画のうち当該森林所有者に係る部分を取り消す
べきことを申し出ることができる。

一　経営管理権集積計画のうち当該森林所有者に係る部分の取消しに
ついて、当該部分に係る経営管理権に基づく経営管理実施権の設定
を受けている民間事業者の承諾を得た場合

二　予見し難い経済情勢の変化その他経営管理権集積計画のうち当該
森林所有者に係る部分を取り消すことについてやむを得ない事情が
あり、かつ、当該部分に係る経営管理権に基づく経営管理実施権の
設定を受けている民間事業者に対し、当該森林所有者が通常生ずべ
き損失の補償をする場合

2　前条第2項の規定は、前項の規定による申出があった場合について
準用する。

　（経営管理権集積計画の取消しの公告）

第32条　市町村は、第30条第2項（前条第2項において準用する場合
を含む。次項において同じ。）の規定による取消しをしたときは、農林
水産省令で定めるところにより、遅滞なく、その旨を公告するものと
する。

2　前項の規定による公告があったときは、経営管理権集積計画のうち
第30条第2項の規定により取り消された部分に係る経営管理権に係
る委託は、解除されたものとみなす。

第3章　市町村による森林の経営管理

　（市町村森林経営管理事業）

第33条　市町村は、経営管理権を取得した森林（第37条第2項の規定
により経営管理実施権が設定されているものを除く。）について経営管
理を行う事業（以下「市町村森林経営管理事業」という。）を実施する
ものとする。

2　市町村森林経営管理事業を実施する市町村は、民間事業者の能力の
活用に配慮しつつ、当該市町村森林経営管理事業の対象となる森林の

状況を踏まえて、複層林化その他の方法により、当該森林について経営管理を行うものとする。

（報告）

第34条　農林水産大臣は、市町村森林経営管理事業を実施する市町村に対し、市町村森林経営管理事業の実施状況その他必要な事項に関し報告を求めることができる。

第4章　民間事業者への経営管理実施権の配分

（経営管理実施権配分計画の作成）

第35条　市町村は、経営管理権を有する森林について、民間事業者に経営管理実施権の設定を行おうとする場合には、農林水産省令で定めるところにより、経営管理実施権配分計画を定めるものとする。

2　経営管理実施権配分計画においては、次に掲げる事項を定めるものとする。

一　経営管理実施権の設定を受ける民間事業者の氏名又は名称及び住所

二　民間事業者が経営管理実施権の設定を受ける森林の所在、地番、地目及び面積

三　前号に規定する森林の森林所有者の氏名又は名称及び住所

四　民間事業者が設定を受ける経営管理実施権の始期及び存続期間

五　民間事業者が設定を受ける経営管理実施権に基づいて行われる経営管理の内容

六　第2号に規定する森林に係る経営管理権集積計画において定められた第4条第2項第5号に規定する金銭の額の算定方法並びに当該金銭の支払の時期、相手方及び方法

七　市町村に支払われるべき金銭がある場合（次号に規定する清算の場合を除く。）における当該金銭の額の算定方法及び当該金銭の支払の時期

八　第4号に規定する存続期間の満了時及び第41条第2項の規定に

より同項に規定する委託が解除されたものとみなされた時における清算の方法

九　その他農林水産省令で定める事項

3　経営管理実施権配分計画は、前項第2号に規定する森林ごとに、同項第1号に規定する民間事業者の同意が得られているものでなければならない。

（民間事業者の選定等）

第36条　都道府県は、農林水産省令で定めるところにより、定期的に、都道府県が定める区域ごとに、経営管理実施権配分計画が定められる場合に経営管理実施権の設定を受けることを希望する民間事業者を公募するものとする。

2　都道府県は、農林水産省令で定めるところにより、前項の規定による公募に応募した民間事業者のうち次に掲げる要件に適合するもの及びその応募の内容に関する情報を整理し、これを公表するものとする。

一　経営管理を効率的かつ安定的に行う能力を有すると認められること。

二　経営管理を確実に行うに足りる経理的な基礎を有すると認められること。

3　市町村は、経営管理実施権配分計画を定める場合には、農林水産省令で定めるところにより、前条第2項第1号に規定する民間事業者を、前項の規定により公表されている民間事業者の中から、公正な方法により選定するものとする。

4　都道府県及び市町村は、前3項の規定による公募及び公表並びに選定に当たっては、これらの過程の透明化を図るように努めるものとする。

（経営管理実施権配分計画の公告等）

第37条　市町村は、経営管理実施権配分計画を定めたときは、農林水産省令で定めるところにより、遅滞なく、その旨を公告するものとする。

2　前項の規定による公告があったときは、その公告があった経営管理

実施権配分計画の定めるところにより、民間事業者に経営管理実施権が、森林所有者及び市町村に経営管理受益権が、それぞれ設定される。

3　前項の規定により設定された経営管理実施権は、第1項の規定による公告の後において当該経営管理実施権に係る森林の森林所有者となった者（国その他の農林水産省令で定める者を除く。）に対しても、その効力があるものとする。

4　森林所有者が第2項の規定により設定された経営管理受益権に基づき林業経営者（同項の規定により経営管理実施権の設定を受けた民間事業者をいう。以下同じ。）から支払を受けたときは、当該支払を受けた額の限度で、当該経営管理受益権に係る森林に関する第7条第2項の規定により設定された経営管理受益権に基づき市町村から支払を受けたものとみなす。

　（計画的かつ確実な伐採後の植栽及び保育の実施）

第38条　林業経営者は、販売収益について伐採後の植栽及び保育に要すると見込まれる額を適切に留保し、これらに要する経費に充てることにより、計画的かつ確実な伐採後の植栽及び保育を実施しなければならない。

　（報告）

第39条　市町村は、林業経営者に対し、当該経営管理実施権の設定を受けた森林についての経営管理の状況その他必要な事項に関し報告を求めることができる。

　（経営管理実施権配分計画の取消し）

第40条　市町村は、第9条第2項、第15条第2項、第23条第2項又は第32条第2項の規定によりこれらの規定に規定する委託が解除されたものとみなされた場合には、経営管理実施権配分計画のうち当該解除に係る経営管理権に基づいて設定された経営管理実施権に係る森林に係る部分を取り消すものとする。

2　市町村は、林業経営者が次の各号のいずれかに該当する場合には、経営管理実施権配分計画のうち当該林業経営者に係る部分を取り消す

ことができる。

一　偽りその他不正な手段により市町村に経営管理実施権配分計画を
　　定めさせたことが判明した場合

二　第36条第2項各号に掲げる要件を欠くに至ったと認める場合

三　経営管理実施権の設定を受けた森林について経営管理を行ってい
　　ないと認める場合

四　経営管理実施権配分計画に基づき支払われるべき金銭の支払又は
　　これに代わる供託をしない場合

五　正当な理由がなくて前条の報告をしない場合

六　その他経営管理に支障を生じさせるものとして農林水産省令で定
　　める要件に該当する場合

（経営管理実施権配分計画の取消しの公告等）

第41条　市町村は、前条の規定による取消しをしたときは、農林水産省
　令で定めるところにより、遅滞なく、その旨を公告するものとする。

2　前項の規定による公告があったときは、経営管理実施権配分計画の
　うち前条の規定により取り消された部分に係る経営管理実施権に係る
　委託は、解除されたものとみなす。

第5章　災害等防止措置命令等

（災害等防止措置命令）

第42条　市町村の長は、伐採又は保育が実施されておらず、かつ、引き
　続き伐採又は保育が実施されないことが確実であると見込まれる森林
　（森林法第25条又は第25条の2の規定により指定された保安林を除
　く。以下この章において同じ。）における次に掲げる事態の発生を防止
　するために必要かつ適当であると認める場合には、その必要の限度に
　おいて、当該森林の森林所有者に対し、期限を定めて、当該事態の発
　生の防止のために伐採又は保育の実施その他必要な措置（以下「災害
　等防止措置」という。）を講ずべきことを命ずることができる。ただし、
　当該森林について、経営管理権が設定されている場合又は同法第10条

の９第３項の規定の適用がある場合は、この限りでない。

一　当該森林の周辺の地域において土砂の流出又は崩壊その他の災害を発生させること。

二　当該森林の現に有する水害の防止の機能に依存する地域において水害を発生させること。

三　当該森林の現に有する水源の涵養の機能に依存する地域において水の確保に著しい支障を及ぼすこと。

四　当該森林の周辺の地域において環境を著しく悪化させること。

2　前項の規定による命令をするときは、農林水産省令で定める事項を記載した命令書を交付するものとする。

（代執行）

第43条　市町村の長は、前条第１項に規定する場合において、次の各号のいずれかに該当すると認めるときは、自らその災害等防止措置の全部又は一部を講ずることができる。この場合において、第２号に該当すると認めるときは、相当の期限を定めて、当該災害等防止措置を講ずべき旨及びその期限までに当該災害等防止措置を講じないときは、自ら当該災害等防止措置を講じ、当該災害等防止措置に要した費用を徴収することがある旨を、あらかじめ、公告するものとする。

一　前条第１項の規定により災害等防止措置を講ずべきことを命ぜられた森林所有者が、当該命令に係る期限までに当該命令に係る災害等防止措置を講じないとき、講じても十分でないとき、又は講ずる見込みがないとき。

二　前条第１項の規定により災害等防止措置を講ずべきことを命じようとする場合において、相当な努力が払われたと認められるものとして政令で定める方法により当該災害等防止措置を命ずべき森林所有者の探索を行ってもなお当該森林所有者を確知することができないとき。

三　緊急に災害等防止措置を講ずる必要がある場合において、前条第１項の規定により当該災害等防止措置を講ずべきことを命ずるいと

まがないとき。

2　市町村の長は、前項の規定により災害等防止措置の全部又は一部を講じたときは、当該災害等防止措置に要した費用について、農林水産省令で定めるところにより、当該森林の森林所有者から徴収することができる。

3　前項の規定による費用の徴収については、行政代執行法（昭和23年法律第43号）第5条及び第6条の規定を準用する。

4　第1項の規定により市町村の長が災害等防止措置の全部又は一部を講ずる場合における立木の伐採については、森林法第10条の8第1項本文の規定は、適用しない。

第6章　林業経営者に対する支援措置

（国有林野事業における配慮等）

第44条　国は、国有林野の管理経営に関する法律（昭和26年法律第246号）第2条第2項に規定する国有林野事業に係る伐採等を他に委託して実施する場合には、林業経営者に委託するように配慮するものとする。

2　森林法第7条の2第1項に規定する国有林を所管する国の機関及び関係地方公共団体は、相互に連携を図り、林業経営者に対し、経営管理に資する技術の普及に努めるものとする。

（指導及び助言）

第45条　国及び都道府県は、林業経営者に対し、経営管理実施権に基づく経営管理を円滑に行うために必要な指導及び助言を行うものとする。

（独立行政法人農林漁業信用基金による支援）

第46条　独立行政法人農林漁業信用基金は、林業経営者に対する経営の改善発達に係る助言その他の支援を行うことができる。

第7章　雑則

（情報提供等）

第47条　農林水産大臣は、共有者不明森林及び所有者不明森林に関する情報の周知を図るため、地方公共団体その他の関係機関と連携し、第11条又は第25条の規定による公告に係る共有者不明森林又は所有者不明森林に関する情報のインターネットの利用による提供その他の必要な措置を講ずるように努めるものとする。

（都道府県による森林経営管理事務の代替執行）

第48条　都道府県は、その区域内の市町村における次に掲げる事務の実施体制の整備の状況その他の事情を勘案して、当該市町村の当該事務の全部又は一部を、当該市町村の名において管理し、及び執行すること（第3項において「森林経営管理事務の代替執行」という。）について、当該市町村に協議し、その同意を求めることができる。

一　経営管理意向調査に関する事務

二　経営管理権集積計画の作成に関する事務

三　市町村森林経営管理事業に関する事務

四　経営管理実施権配分計画の作成に関する事務

2　前項の同意があった場合には、地方自治法（昭和22年法律第67号）第252条の16の2第1項の求めがあったものとみなす。この場合においては、同条第3項の規定は、適用しない。

3　都道府県は、森林経営管理事務の代替執行をしようとするときは、その旨及び森林経営管理事務の代替執行に関する規約を公告するものとする。森林経営管理事務の代替執行をする事務を変更し、又は森林経営管理事務の代替執行を廃止しようとするときも、同様とする。

（市町村に対する援助）

第49条　国及び都道府県は、市町村に対し、経営管理に関し必要な助言、指導、情報の提供その他の援助を行うように努めるものとする。

（関係者の連携及び協力）

第50条　国、地方公共団体、森林組合その他の関係者は、林業経営の効率化及び森林の管理の適正化の一体的な促進に向けて、相互に連携を図りながら協力するように努めるものとする。

（農林水産省令への委任）

第51条　この法律に定めるもののほか、この法律の実施のための手続その他この法律の施行に関し必要な事項は、農林水産省令で定める。

第8章　罰則

第52条　第42条第1項の規定による命令に違反した者は、30万円以下の罰金に処する。

第53条　法人（法人でない団体で代表者又は管理人の定めのあるものを含む。以下この項において同じ。）の代表者若しくは管理人又は法人若しくは人の代理人、使用人その他の従業者が、その法人又は人の業務又は財産に関し、前条の違反行為をしたときは、行為者を罰するほか、その法人又は人に対して同条の刑を科する。

2　法人でない団体について前項の規定の適用がある場合には、その代表者又は管理人が、その訴訟行為につき法人でない団体を代表するほか、法人を被告人又は被疑者とする場合の刑事訴訟に関する法律の規定を準用する。

附　則

（施行期日）

第1条　この法律は、平成31年4月1日から施行する。ただし、附則第6条の規定は、公布の日から施行する。

（林業経営基盤の強化等の促進のための資金の融通等に関する暫定措置法の特例）

第2条　林業経営基盤の強化等の促進のための資金の融通等に関する暫定措置法（昭和54年法律第51号）第9条に規定する資金であって林業経営者が貸付けを受けるものについての同条の規定の適用について

は、同条中「12 年」とあるのは、「15 年」とする。

（検討）

第 3 条　政府は、この法律の施行後 5 年を目途として、この法律の施行
　　の状況を勘案し、必要があると認めるときは、この法律の規定につい
　　て検討を加え、その結果に基づいて所要の措置を講ずるものとする。

（森林法の一部改正）

第 4 条　森林法の一部を次のように改正する。

　　　第 10 条の 8 第 1 項中第 3 号を削り、第 4 号を第 3 号とし、第 5 号
　　から第 12 号までを 1 号ずつ繰り上げ、同条第 3 項中「第 1 項第 10 号」
　　を「第 1 項第 9 号」に改める。

　　　第 10 条の 10 の見出しを「（施業の勧告）」に改め、同条第 1 項中「（次
　　項に規定する場合を除く。）」を削り、同条第 2 項から第 8 項までを削る。

　　　第 10 条の 11 から第 10 条の 11 の 8 までを削り、第 10 条の 11 の
　　9 を第 10 条の 11 とし、第 10 条の 11 の 10 を第 10 条の 11 の 2 とする。

　　　第 10 条の 11 の 11 第 1 項中「第 10 条の 11 の 9 第 1 項」を「第
　　10 条の 11 第 1 項」に改め、同条を第 10 条の 11 の 3 とする。

　　　第 10 条の 11 の 12 第 1 項中「第 10 条の 11 の 9 第 1 項」を「第
　　10 条の 11 第 1 項」に改め、同条を第 10 条の 11 の 4 とし、第 10 条
　　の 11 の 13 を第 10 条の 11 の 5 とする。

　　　第 10 条の 11 の 14 中「第 10 条の 11 の 12 第 2 項」を「第 10 条
　　の 11 の 4 第 2 項」に改め、同条を第 10 条の 11 の 6 とする。

　　　第 10 条の 11 の 15 第 1 項中「第 10 条の 11 の 9 第 1 項」を「第
　　10 条の 11 第 1 項」に、「第 10 条の 11 の 13 第 1 項」を「第 10 条の
　　11 の 5 第 1 項」に改め、同条を第 10 条の 11 の 7 とする。

　　　第 10 条の 11 の 16 第 1 項中「第 10 条の 11 の 9 第 1 項」を「第
　　10 条の 11 第 1 項」に、「第 10 条の 11 の 13 第 1 項」を「第 10 条の
　　11 の 5 第 1 項」に、「第 10 条の 11 の 12 第 1 項各号」を「第 10 条
　　の 11 の 4 第 1 項各号」に改め、同条を第 10 条の 11 の 8 とする。

　　　第 10 条の 13 第 2 項中「分収林特別措置法」の下に「（昭和 33 年法

律第 57 号）」を、「又は」の下に「同法第 2 条第 2 項に規定する」
を加える。

　　第 39 条の 6 中「第 10 条の 10 第 1 項及び第 2 項」を「第 10
条の 10」に改める。

（森林法の一部改正に伴う経過措置）

第 5 条　この法律の施行前に前条の規定による改正前の森林法（以
　下この条において「旧森林法」という。）第 10 条の 10 第 2 項
　の規定によりされた通知又は同条第 3 項の規定によりされた申
　出については、同条第 4 項から第 8 項まで及び旧森林法第 10
　条の 11 から第 10 条の 11 の 8 までの規定は、なおその効力を
　有する。

（政令への委任）

第 6 条　前条に定めるもののほか、この法律の施行に関し必要な
　経過措置は、政令で定める。

森林経営管理法案に対する附帯決議（衆）

　我が国の林業は、木材価格の低迷、森林所有者の世代交代等により、森林所有者の経営意欲の低下や所有者不明森林が増加するなど、依然として厳しい状況にある。このような中、持続可能な森林経営に向けて、森林の管理の適正化及び林業経営の効率化の一体的な促進を図ることは、森林の有する多面的機能の発揮及び林業・山村の振興の観点から極めて重要である。また、森林吸収源対策に係る地方財源確保のため、平成 31 年度税制改正において創設するとされている森林環境税（仮称）及び森林環境譲与税（仮称）については、創設の趣旨に照らし、その使途を適正かつ明確にする必要がある。

　よって政府は、本法の施行に当たり、左記事項の実現に万全を期すべきである。

記

一　本法を市町村が運用するに当たって、「森林の多面的機能の発揮」「公益的機能の発揮」「生物多様性の保全」について、十分に配慮するよう助言等の支援を行うこと。

二　経営管理権及び経営管理実施権の設定等を内容とする新たな森林管理システムが現場に浸透し、林業の効率化及び森林管理の適正化の一体的な促進が円滑に進むよう、都道府県及び市町村と協力して、不在村森林所有者を含む森林所有者、　森林組合、民間事業者など、地域の森林・林業関係者に本法の仕組みの周知を徹底すること。また、経営管理実施権の設定に当たっては、市町村が地域の実情に応じた運用ができるものとすること。

三　市町村が区域内の森林の経営管理を行うに当たっては、その推進の在り方について広く地域住民の意見が反映されるよう助言等の支援を行うこと。

四　経営管理実施権を設定した林業経営者に対して、市町村が指

導監督体制の確立に努めるよう助言等の支援を行うこと。さらに、国は、民間事業者の健全な育成を図るため、森林に関する高度の知識、技術、経営に関する研修計画を企画し、実施すること。経営管理実施権の設定に当たっては、生産性（生産量）の基準だけでなく、作業の質、持続性、定着性などの評価基準も重視すること。

五　森林の育成には、林業労働力の確保・育成は不可欠であり、林業就業者の所得の向上、労働安全対策をはじめとする就業条件改善に向けた対策の強化を図ること。

六　所有者不明森林の発生を防ぐため、相続等による権利取得に際しての森林法第10条の7の2の届出義務の周知を図るとともに、相続登記等の重要性について啓発を図ること。また、所有者不明森林に係る問題の抜本的解決に向けて、登記制度及び土地所有の在り方、行政機関相互での土地所有者に関する情報の共有の仕組み等について早期に検討を進め、必要な措置を講じること。

七　経営管理権集積計画の策定に当たり、まず前提となる森林法の趣旨にのっとった、林地台帳の整備、森林境界の明確化等に必要な取組に対する支援を一層強化すること。

八　市町村が、市町村森林整備計画と調和が保たれた経営管理権集積計画の作成等の新たな業務を円滑に実施することができるよう、フォレスター等の市町村の林業部門担当職員の確保・育成を図る仕組みを確立するとともに、林業技術者等の活用の充実、必要な支援及び体制整備を図ること。

九　市町村が、「確知所有者不同意森林」制度を運用するに当たって、森林所有者の意向等を的確に把握し、同意を取り付けるため十分な努力を行うよう助言等の支援を行うこと。

十　「災害等防止措置命令」制度の運用に資するよう、国は、災害等の防止と森林管理の関係についての科学的知見の蓄積に努めること。

十一　路網は、木材を安定的に供給し、森林の有する多面的機能を持続的に発揮していくために必要な造林、保育、間伐等の施業を効率的に

行うために不可欠な生産基盤であることから、路網整備に対する支援を一層強化すること。なお、路網整備の方法によっては土砂災害を誘発する場合もあることから、特段の配慮をすること。

十二　森林資源の循環利用を図るため、新たな木材需要を創出するとともに、これらの需要に対応した川上から川下までの安定的、効率的な供給体制を構築すること。また、森林管理の推進に向けて、その大きな支障の１つである鳥獣被害に係る対策を含め、主伐後の植栽による再造林、保育を確実に実施する民間事業者が選定されるよう支援するとともに、他の制度との連携・強化を図ること。

十三　自伐林家や所有者から長期的に施業を任されている自伐型林業者等は、地域林業の活性化や山村振興を図る上で極めて重要な主体の１つであることから、自伐林家等が実施する森林管理や森林資源の利用の取組等に対し、更なる支援を行うこと。

十四　地球温暖化防止のための森林吸収源対策に係る地方財源の確保のため創設するとされている森林環境税（仮称）及び　森林環境譲与税（仮称）については、その趣旨に沿って、これまでの森林施策では対応できなかった森林整備等に資するものとすること。

　　右決議する。

森林経営管理法案に対する附帯決議（参）

　我が国の林業は、木材価格の低迷、森林所有者の世代交代等により、森林所有者の経営意欲の低下や所有者不明森林が増加するなど、依然として厳しい状況にある。このような中、持続可能な森林経営に向けて、森林の管理の適正化及び林業経営の効率化の一体的な促進を図ることは、森林の有する多面的機能の発揮及び林業・山村の振興の観点から極めて重要である。また、森林吸収源対策に係る地方財源確保のため、平成31年度税制改正において創設するとされている森林環境税（仮称）及び森林環境譲与税（仮称）については、創設の趣旨に照らし、その使途を適正かつ明確にする必要がある。

　よって政府は、本法の施行に当たり、次の事項の実現に万全を期すべきである。

記

一　本法を市町村が運用するに当たって、「森林の多面的機能の発揮」「公益的機能の発揮」「人工林から自然林への誘導」「生物多様性の保全」について、十分に配慮するよう助言等の支援を行うこと。

二　経営管理権及び経営管理実施権の設定等を内容とする新たな森林管理システムが現場に浸透し、林業の効率化及び森林管理の適正化の一体的な促進が円滑に進むよう、都道府県及び市町村と協力して、不在村森林所有者を含む森林所有者、森林組合、民間事業者など、地域の森林・林業関係者に本法の仕組みの周知を徹底すること。また、経営管理実施権の設定に当たっては、超長期的な多間伐施業を排除することなく、市町村が地域の実情に応じた運用ができるものとすること。

三　市町村が区域内の森林の経営管理を行うに当たっては、その推進の在り方について広く地域住民の意見が反映されるよう助言等の支援を行うこと。

四　経営管理実施権を設定した林業経営者に対して、市町村が指導監督体制の確立に努めるよう助言等の支援を行うこと。さらに、国は、民

間事業者の健全な育成を図るため、森林に関する高度の知識、技術、経営に関する研修計画を企画し、実施すること。経営管理実施権の設定に当たっては、生産性（生産量）の基準だけでなく、作業の質、持続性、定着性、地域経済への貢献、労働安全などの評価基準も重視すること。

五　森林の育成には、林業労働力の確保・育成は不可欠であり、小規模事業体の経営者や従業員を含む林業就業者の所得の向上、労働安全対策をはじめとする就業条件改善に向けた対策の強化を図ること。

六　所有者不明森林の発生を防ぐため、相続等による権利取得に際しての森林法第10条の7の2の届出義務の周知を図るとともに、相続登記等の重要性について啓発を図ること。また、所有者不明森林に係る問題の抜本的解決に向けて、登記制度及び土地所有の在り方、行政機関相互での土地所有者に関する情報の共有の仕組み等について早期に検討を進め、必要な措置を講じること。

七　経営管理権集積計画の策定に当たり、まず前提となる森林法の趣旨にのっとった、林地台帳の整備、森林境界の明確化等に必要な取組に対する支援を一層強化すること。

八　市町村が、市町村森林整備計画と調和が保たれた経営管理権集積計画の作成等の新たな業務を円滑に実施することができるよう、フォレスター等の市町村の林業部門担当職員の確保・育成を図る仕組みを確立するとともに、林業技術者等の活用の充実、必要な支援及び体制整備を図ること。

九　市町村が、「確知所有者不同意森林」制度を運用するに当たって、森林所有者の意向等を的確に把握し、同意を取り付けるため十分な努力を行うよう助言等の支援を行うこと。

十　「災害等防止措置命令」制度の運用に資するよう、国は、災害等の防止と森林管理の関係についての科学的知見の蓄積に努めること。

十一　路網は、木材を安定的に供給し、森林の有する多面的機能を持続的に発揮していくために必要な造林、保育、間伐等の施業を効率的に

行うために不可欠な生産基盤であることから、路網整備に対する支援を一層強化すること。なお、路網整備の方法によっては土砂災害を誘発する場合もあることから、特段の配慮をすること。

十二　森林資源の循環利用を図るため、新たな木材需要を創出するとともに、これらの需要に対応した川上から川下までの安定的、効率的な供給体制を構築すること。また、適正な森林管理の推進に向けて、その大きな支障の1つである鳥獣被害に係る対策を含め、主伐後の植栽による再造林、保育を確実に実施する民間事業者が選定されるよう支援するとともに、森林法による伐採後の造林命令など他の制度との連携・強化を図ること。

十三　自伐林家や所有者から長期的に施業を任されている自伐型林業者等は、地域林業の活性化や山村振興を図る上で極めて重要な主体の1つであることから、自伐林家等が実施する森林管理や森林資源の利用の取組等に対し、更なる支援を行うこと。

十四　地球温暖化防止のための森林吸収源対策に係る地方財源の確保のため創設するとされている森林環境税（仮称）及び森林環境譲与税（仮称）については、その趣旨に沿って、これまでの森林施策では対応できなかった森林整備等に資するものとし、その使途の公益性を担保し、国民の理解が得られるものとすること。

　右決議する。

「未来投資戦略 2017」（森林・林業関係部分抜粋）

（平成 29 年 6 月 9 日閣議決定）

第 2　具体的施策

III 地域経済好循環システムの構築
2．攻めの農林水産業の展開
（2）新たに講ずべき具体的施策
iv）林業の成長産業化と森林の適切な管理

・　林業所得の向上のための林業の成長産業化の実現と森林資源の適切な管理のため、森林の管理経営を、意欲ある持続的な林業経営者に集積・集約化するとともに、それができない森林の管理を市町村等が行う新たな仕組みを検討し、年内に取りまとめる。この検討は、平成 29 年度与党税制改正大綱において、市町村主体の森林整備等の財源に充てることとされた森林環境税（仮称）の検討と併せて行う。

規制改革実施計画（森林・林業関係部分抜粋）

（平成 29 年 6 月 9 日閣議決定）

Ⅱ 分野別実施事項

２．農林水産分野

（２）個別実施事項

⑤ 林業の成長産業化と森林資源の適切な管理の推進

【事項名】

　林業の成長産業化と森林資源の適切な管理の推進

【規制改革の内容】

　林業の成長産業化と森林資源の適切な管理の実現に向け、森林の管理経営を意欲のある持続的な林業経営者へ集積・集約化する方策や、これを補完するために市町村等が担う公的仕組みとその持続可能な実効を担保する財源を含めた枠組みについて、検討し、結論を得次第、速やかに、所要の規制・制度改革を実施する。

【実施時期】

　平成 29 年検討・結論。結論を得次第速やかに措置

「経済財政運営と 改革の基本方針 2017（骨太方針）」

（森林・林業関係部分抜粋）

（平成 29 年 6 月 9 日閣議決定）

第 2 章　成長と分配の好循環の拡大と 中長期の発展に向けた重点課題

4．地方創生、中堅・中小企業・小規模事業者支援
（2）攻めの農林水産業の展開

　　森林の管理経営を意欲のある持続的な林業経営者に集積・集約化するとともに、それができない森林の管理を市町村等が行う新たな仕組みを検討する。この検討は、平成 29 年度与党税制改正大綱において、市町村主体の森林整備等の財源に充てることとされた森林環境税（仮称）の検討と併せて行う。CLT[※1]等の新たな木材需要の創出、国産材の安定供給体制の構築、人材の育成確保等を推進する。

※1　Cross Laminated Timber（クロス・ラミネイティド・ティンバー）：直交集成板

5．安全で安心な暮らしと経済社会の基盤確保
（5）地球環境への貢献

　　森林吸収源対策及び地方の地球温暖化対策に関する財源の確保について、エネルギー起源 CO_2 排出抑制のための木質バイオマスのエネルギー利用や木材のマテリアル利用の普及に向けて地球温暖化対策税のモデル事業や技術開発、調査への活用の充実を引き続き図るとともに、公益的機能の発揮が求められながらも、自然的・社会的条件が不利であることにより所有者等による自発的な間伐等が見込めない森林の整備等

に関する市町村の役割を明確化しつつ、地方公共団体の意見も踏まえながら、必要な森林関連法令の見直しを行う。これにより市町村が主体となって実施する森林整備等に必要な財源に充てるため、個人住民税均等割の枠組みの活用を含め都市・地方を通じて国民に等しく負担を求めることを基本とする森林環境税（仮称）の創設に向けて、地方公共団体の意見も踏まえながら、具体的な仕組み等について総合的に検討し、平成 30 年度税制改正において結論を得る。

「農林水産業・地域の活力創造プラン」
（森林・林業関係部分抜粋）

（平成 29 年 12 月 8 日改訂）

Ⅲ 政策の展開方向

8．林業の成長産業化と森林資源の適切な管理

　林業の成長産業化と森林資源の適切な管理の両立を図るため、「林業の成長産業化と森林資源の適切な管理の推進について」（別紙 7 ）に基づき、以下の措置を講ずる。

・　市町村が経営意欲を失っている森林所有者から森林の経営・管理の委託を受け、意欲と能力ある林業経営者に再委託を行い、林業経営の集積・集約化を行うとともに、再委託できない森林及び再委託に至るまでの森林においては、市町村が公的管理を行う新たな森林管理システムを構築する。その際、生産性の高い森林については、新システムを構築した地域を中心として路網整備等の重点化を図る。

・　川上から川下までのサプライチェーンを繋ぎ、コスト削減を進めつつ、マーケットインの発想で高付加価値な木材を供給する体制を実現する。

　また、新たな木材需要の創出を図るほか、森林の整備・保全等を通じた森林吸収源対策を推進するとともに、多面的機能の維持・向上により、美しく伝統ある山村を次世代に継承する。

＜目標＞

○　国産材の供給量を 2025 年までに 4,000 万 m^3 に増加
（2009 年：1,800 万 m^3）

○　2013 年度から 2020 年度までの間に、毎年 52 万 ha の間伐等を実施

○　ＣＬＴ（直交集成板）について 2024 年度までに年間 50

第3部　参考資料

万 m³ 程度の生産体制を構築

＜展開する施策＞

① 新たな森林管理システムの構築と木材の生産流通構造改革等

② ＣＬＴ等の新たな製品・技術の開発・普及のスピードアップ

③ 木質バイオマスの利用促進等による新たな木材需要の創出

④ 適切な森林の整備・保全等を通じた国土保全、地球温暖化防止など森林の多面的機能の維持・向上

（別紙7）林業の成長産業化と森林資源の適切な管理の推進について

１．新たな森林管理システムに関する事項

（１）市町村が仲介者となって森林の集積・集約化を進める仕組みの創設

川上の森林経営の目指すべき方向の実現に向けて、次に掲げる事項を骨格とする新たな森林管理システムを構築する。

① 森林所有者の森林管理の責務を明確化

② 森林所有者自ら森林管理を行わない場合には、市町村が経営・管理を受託した上で、意欲と能力のある林業経営体に再委託し、経営を集積・集約化

③ 町村が再委託できない森林及び再委託に至るまでの間の森林については、市町村が間伐等の公的管理

（２）森林管理委託の実効性を担保する森林所有者責任の明確化

森林所有者の森林管理に係る責務を明確化するに当たっては、

① 適切な時期における森林の伐採、造林、間伐の実施など森林所有者が果たすべき、森林の適正な管理と効率的利用に関する責務を明確化する

② その上で、森林管理等の責務を果たすことが困難な所有者にあっては、市町村への管理委託が進む十分な動機づけとなるような仕組みとする

早わかり森林経営管理法

③　自ら責務を果たす意向を示したにも関わらず一定期間、責務が果たされない場合には、裁定等により迅速に市町村の管理に委ねるなど、実効ある仕組みとする

（3）経営の集積・集約化に当たっての留意事項

経営の集積・集約化を進める際には、

①　様々な森林の管理委託を受ける市町村が意欲と能力のある林業経営体を広く募集するなど、森林を積極的に意欲ある経営体に委ね、生産性の高い林業経営を促す仕組みとする

②　民間に委ねる生産性の高い森林については、この新システムを構築した地域を中心として、森林作業道だけでなく基幹的な道も含めたネットワークを構築する路網整備を、森林整備事業も活用して進めるとともに、高性能林業機械の導入を重点的に推進する

（4）市町村による森林の公的管理のあり方

市町村が公的管理を行う際には、

①　林業生産林としての採算性が見込めない森林については、管理コストが小さくなる育成複層林への転換を進める

②　民間事業者にできるだけ幅広い範囲で作業委託できるようにする

（5）市町村行政の補完等のための仕組みの整備

市町村の森林・林業行政については、林業の専門家を効果的に活用することに加え、その体制が脆弱である場合、市町村域を超えて森林の管理を行うことが効率的である場合など一定の場合には、都道府県が市町村の業務を代行できる仕組みとする。また、新システムを円滑に機能させるために人材育成など広域的に行った方が効率的な業務については、都道府県による更なる取組も検討する。なお、いずれの場合にも、民間事業者の能力を活かせる場合には、積極的

に活用する。

（6）新システムの遂行に要する財源の確保

　市町村が行う公的管理や、この新システムを円滑に機能させるためのその他の業務が適切に遂行されるよう、別途創設に向けて検討するとされている森林環境税（仮称）を活用することが考えられる。

（7）国有林事業との連携

　国有林については、民有林に関するこの新たな森林管理システムが効率的に機能するよう、以下の事項に取り組む。

①　林道の相互接続や伐採木の協調出荷、林業の低コスト化に向けた民有林への技術普及などの民有林との連携

②　新システムの対象となる意欲と能力のある林業経営体への国有林野事業の受注等の機会の増大への配慮や、国有林野事業で把握している林業経営体情報の市町村に対する提供

（8）所有者不明森林への対応強化

　新システムの構築にあわせ所有者不明森林について、固定資産税を支払う等の管理費用を負担している相続人が共有者の一部を確知できない場合には、市町村による公示を経て、市町村に対し経営・管理の委託を行えるようにする。

「新しい経済政策パッケージ」
（森林・林業関係部分抜粋）

（平成 29 年 12 月 8 日閣議決定）

第 3 章　生産性革命

3．Society 5.0 の社会実装と破壊的イノベーションによる生産性革命

（2）第 4 次産業革命の社会実装と生産性が伸び悩む分野の制度改革等

⑥農林水産分野

- 林業の成長産業化を進めるため、規制改革推進会議第 2 次答申（平成 29 年 11 月 29 日決定）及び農林水産業・地域の活力創造プラン（平成 29 年 12 月 8 日改訂。以下、「活力創造プラン」という。）を踏まえ、意欲と能力のある林業経営体に経営を集積・集約化する新たな森林管理システムの整備等のための法案を次期通常国会に提出するとともに、マーケットインの発想に基づくサプライチェーンの再構築、国有林への民間活力の導入等の課題について、検討を進め、さらに、来年央までに林業の具体的な成長の目標とその実現に向けた工程表を定めて施策を実施する。これにより、地方創生や地域経済の活性化を推進する。

第３部　参考資料

早わかり森林経営管理法

147

早わかり 森林経営管理法

2018 年 9 月 8 日　　第 1 版 第 1 刷発行

編　著　　森林経営管理法研究会

発行者　　箕　浦　　文　夫
発行所　　株式会社 大成出版社
　　　　　東京都世田谷区羽根木 1-7-11
　　　　　〒156-0042　電話 03(3321)4131(代)
　　　　　http://www.taisei-shuppan.co.jp/

©2018　森林経営管理法研究会　　　　　　　　　　印刷 信教印刷
落丁・乱丁はおとりかえいたします。

ISBN978-4-8028-3344-8